International Principles and Standards for the Practice of Ecological Restoration

Second Edition

生态恢复实践的国际原则与标准
（第二版）

刘俊国　李德龙　张学静　译

〔美〕George D. Gann〔澳〕Tein McDonald〔美〕Bethanie Walder

〔美〕James Aronson〔美〕Cara R. Nelson〔澳〕Justin Jonson

〔美〕James G. Hallett〔美〕Cristina Eisenberg〔秘〕Manuel R. Guariguata　著

〔中〕Junguo Liu〔中〕Fangyuan Hua〔智〕Cristian Echeverría

〔加〕Emily Gonzales〔美〕Nancy Shaw〔比〕Kris Decleer

〔澳〕Kingsley W. Dixon

U0263711

科 学 出 版 社

北 京

内 容 简 介

作为最新的生态恢复标准，本书首先界定了生态恢复的定义、相关术语和基本假设，然后系统介绍了生态恢复的八项原则，制定了规划和实施生态恢复项目的实践标准，并阐述了构建生态恢复参考模型和确定适当生态恢复方法的途径。

本书可作为生态学、水文学、环境科学、自然保护学等领域的科研人员、研究生和本科生的参考书，对关注生态修复的政策制定者、政府工作人员、景观设计师、企业人士、认证机构人员及公众也具有参考价值。

图书在版编目(CIP)数据

生态恢复实践的国际原则与标准 = International Principles and Standards for The Practice of Ecological Restoration (Second Edition) / (美) 乔治·甘恩 (George D. Gann) 等著；刘俊国，李德龙，张学静，译. —2 版. —北京：科学出版社，2020.11
  ISBN 978-7-03-066493-8

  Ⅰ.①生… Ⅱ.①乔… ②刘… ③李… ④张… Ⅲ.①生态恢复–国际标准–研究 Ⅳ.①X171.4-65

中国版本图书馆 CIP 数据核字（2020）第 204556 号

责任编辑：王 倩 / 责任校对：郑金红
责任印制：吴兆东 / 封面设计：无极书装

科 学 出 版 社 出版
北京东黄城根北街 16 号
邮政编码：100717
http://www.sciencep.com

北京建宏印刷有限公司 印刷
科学出版社发行 各地新华书店经销
*
2020 年 11 月第 一 版 开本：720×1000 1/16
2022 年 1 月第三次印刷 印张：6 3/4
字数：170 000

定价：**118.00 元**
（如有印装质量问题，我社负责调换）

谨以此书献给支持国际恢复生态学学会（SER）和北京生态修复学会（SERB），以及为生态修复而努力奋斗的所有朋友

| 译 者 致 谢 |

本书得到了国家重点研发计划项目（2018YFE0206200）、国家杰出青年科学基金（41625001）和南方科技大学高水平专项经费（G02296302、G02296402）的大力资助。非常感谢北京生态修复学会理事、监事及秘书处对中国生态修复事业的坚持和辛勤付出。感谢南方科技大学崔文惠博士、王丹女士、李德龙博士及张学静女士在译文中所做的校对工作。感谢我的家人，尤其是我的爱人唐瑜及两个儿子刘子睿、刘子颉对我工作的支持！

由于译者水平有限，书中不妥之处在所难免，希望读者予以批评指正！

刘俊国

南方科技大学教授

北京生态修复学会理事长

2020 年 10 月 25 日

前　言

　　国际恢复生态学学会（Society for Ecological Restoration，SER）是一个拥有 70 个国家会员的国际非营利组织。SER 促进了生态恢复科学、实践与政策的发展，使生物多样性得以持续，提高了应对气候变化的能力，重建了自然与文化之间的生态健康关系。SER 是一个动态的全球网络，将研究人员、从业人员、土地管理人员、社区领导和决策者联系起来，共同致力于生态系统恢复及人类社区改善。通过学会会员、出版物、会议、政策研究和科技推广，SER 在生态恢复领域传递着卓越品质。

　　生态恢复标准的发展历史。《生态恢复实践的国际原则和标准》（简称《标准》）是由国际恢复生态学学会的专业人员及全球科学和生态保护界的同行共同协商制定的。《标准》（第一版）于 2016 年在墨西哥坎昆举行的联合国《生物多样性公约》（Convention on Biological Diversity，CBD）第十三次缔约方大会上发布。该大会汇集了来自国际政策领域的主要利益相关方，他们在推动全球生态恢复倡议并实施大规模生态恢复计划方面发挥了重要作用。该《标准》是一份"动态文件"，它会在利益相关方的协商和使用过程中得到进一步修改与扩展。该《标准》也会在利益相关方参与修订过程中得到广泛使用。通过为期两年的咨询与协商，SER 邀请生态恢复的专家和组织对《标准》进行了审阅。邀请的主要利益相关方包括《生物多样性公约》秘书处、《联合国防治荒漠化公约》（United Nations Convention to Combat Desertification，UNCCD）秘书处（包括其科学与政策的干预）、全球环境基金（Global Environment Facility，GEF）、世界银行（World Bank）和全球森林和景观恢复伙伴关系（The Global Partnership on Forest Landscape Restoration，GPFLR）成员。2017 年，SER 与世界自然保护联盟（International Union for

Conservation of Nature，IUCN）生态系统管理委员会（Commission on Ecosystem Management，CEM）合作，举办了一场关于生物多样性和全球森林恢复的论坛，论坛上审查了 SER 标准（SER and IUCN-CEM，2018）。SER 还在 2017 年世界生态恢复大会上组织了 SER 标准研讨会和开放式知识交流会。同时，也在 2017 年中国深圳举行的第九届国际生态系统服务大会等活动中收到修改意见。为了获取更多人的观点，SER 通过其网站邀请公众在线反馈，并向其成员、附属机构和利益相关方发送在线调查问卷。SER 还在《恢复生态学》（*Restoration Ecology*）杂志中考虑并回应了评审人的意见。

作者在对《标准》进行修订过程中考虑了所有意见。《标准》（第二版）于 2019 年 6 月 18 日由 SER 科学与政策委员会和 SER 董事会批准发布。与第一版一样，随着恢复生态学科学、实践和适应性管理的发展，《标准》（第二版）也会继续被修订和改进。

《标准》（第二版）同时兼容并扩展了《保护实践的开放标准》（*Open Standards for the Practice of Conservation*）（Conservation Measures Partnership，2013），并补充了《REDD +社会和环境标准》（*REDD+Social and Environmental Standards*）（REDD + SES，2012）以及其他保护标准和指南。

贡献者。Levi Wickwire 在《标准》（第二版）制定期间提供了帮助。Karen Keenleyside 为《标准》（第二版）初稿内容的撰写做出了贡献。Andre Clewell 为属性列表和圆形模板图的成型提供了灵感和想法（具体见图 2-4 和附录 2）。Kayri Havens 协助调整了附录 1 中关于种子选择和其他繁殖体来源部分的内容，Craig Beatty（IUCN）对第 4 章第三部分的全球恢复计划做出了贡献。感谢以下为第一版《标准》做出翻译贡献的科研工作者：Claudia Concha（西班牙）、Marcela Bustamante（西班牙）和 Cristian Echeverría（西班牙）、Ricardo Cesar（葡萄牙）、Narayana Bhat（沙特阿拉伯）、Jaeyong Choi（韩国）、Junguo Liu（中国）、Jean- François Alignan（法国）、Julie Braschi（法国）、Élise Buisson（法国）、Jacqueline Buisson（法国）、Manon Hess（法国）、Renaud Jaunatre（法国）、Maxime Le Roy（法国）、Sandra Malaval（法国）、Réseau d'Échanges et de Valorisation en Écologie de la Restauration（REVER）（法国）。

审稿人。许多国际专家为《标准》（第二版）的修订提供了建议。在此，我们可能会遗漏部分审稿人。《标准》（第二版）中的观点是作者的观点，不一定是审稿人的观点。Sasha Alexander、Mariam Akhtar-Schuster、Craig Beatty、María Consuelo de Bonfil、Karma Bouazza、Elise Buisson、Andre Clewell、Jordi Cortina、Donald Falk、Marco Fioratti、Scott Hemmerling、Richard Hobbs、Karen Holl、Berit Köhler、Nik Lopoukhine、Graciela Metternicht、Luiz Fernando Moraes、Stephen Murphy、Michael Perring、David Polster、Karel Prach、Anne Tolvanen、Alan Unwin、Ramesh Venkataraman、Steve Whisenant、Andrew Whitley 和 Shira Yoffe 为本《标准》（第二版）提供了重要的审稿意见。

2017 年，在巴西伊瓜苏瀑布举办的 SER 和 IUCN-CEM 生物多样性和全球森林恢复论坛上，许多与会者帮助阐明了 SER 标准的范围和背景：Angela Andrade、James Aronson、Rafael Avila、Brigitte Baptiste、Rubens de Miranda Benini、Rachel Biderman、Blaise Bodin、Consuelo Bonfil、Magda Bou Dagher Kharrat、MiHee Cho、Youngtae Choi、Jordi Cortina、Kingsley Dixon、Giselda Durigan、Cristian Echeverría、Steve Edwards、George Gann、Manuel R. Guariguata、Yoly Gutierrez、James Hallett、Ric Hauer、Karen Holl、Fangyuan Hua、Paola Isaacs、Justin Jonson、Won-Seok Kang、Agnieszka Latawiec、Harvey Locke、James McBreen、Tein McDonald、Paula Meli、Jean Paul Metzger、Miguel A. Moraes、Ciro Moura、Cara Nelson、Margaret O'Connell、Aurelio Padovezi、Hernán Saavedra、Catalina Santamaria、Gerardo Segura Warnholtz、Kirsty Shaw、Nancy Shaw、Bernardo Strassburg、Evert Thomas、José Marcelo、Alan Unwin、Liette Vasseur、Joseph Veldman、Bethanie Walder 和 Jorge Watanabe。

2017 年，在巴西伊瓜苏瀑布举办的 SER 世界生态恢复会议上，参与开放式知识交流会的人员有：Mitch Aide、Rafael Carlos Ávila-Santa Cruz、Suresh Babu、Blaise Bodin、Craig Beatty、Steve Edwards、George Gann、Angelita Gómez、Emily Gonzales、Justin Jonson、Marion Karmann、Tein McDonald、Cara Nelson、Antonio Ordorica、Claudia Padilla、Liliane Parany、David Polster、Catalina Santamaria、Bethanie Walder、Andrew Whitley、Paddy Woodworth 和 Gustavo Zuleta。

已发布的《标准》（第一版）的反馈，以下人员对《标准》（第一版）提供了宝贵的意见：Constance Bersok、Kris Boody、Zoe Brocklehurst、Elise Buisson、Peter Cale、David Carr、Michael Rawson Clark、Andre Clewell、Adam Cross、Maria del Sugeyrol Villa Ramirez、Rory Denovan、Giselda Durigan、Rolf Gersonde、Emily Gonzales、Diane Haase、Ismael Hernández Valencia、Eric Higgs、Sean King、Beatriz Maruri-Aguilar、Rob Monico、Michael Morrison、Stephen Murphy、Tom Nedland、J. T. Netherland、Samira Omar、David Ostergren、Glenn Palmgren、Jim Palus、Aviva Patel、David Polster、Jack Putz、Danielle Romiti、George H. Russell、David Sabaj-Stahl、Raj Shekhar Singh、Nicky Strahl、Tobe Query、Edith Tobe、Michael Toohill、Daniel Vallauri、Jorge Watanabe、Jeff Weiss、William Zawacki 和 Paul Zedler。Cassandra Rosa 汇编了关于《标准》详细的说明，并综述了 SER 标准调查的 100 多名调查对象的评论意见。

经费支持。Manuel R. Guariguata 感谢 CGIAR 森林、树木和农林业项目提供的资金。刘俊国感谢中国国家杰出青年科学基金（41625001）和中国科学院战略性先导科技专项（A 类）（XDA20060402）的支持。Kingsley W. Dixon 通过澳大利亚研究理事会矿场恢复工业改造培训中心获得澳大利亚政府的资助（ICI 150100041）。国际恢复生态学学会获得了来自时代基金会 Temper 的图形设计和开发资金支持。

建议引用格式

Gann G D, McDonald T, Walder B, Aronson J, Nelson CR, Jonson J, Hallett JG, Eisenberg C, Guariguata MR, Liu J, Hua F, Echeverría C, Gonzales E, Shaw N, Decleer K, Dixon KW (2019) International principles and standards for the practice of ecological restoration. Second edition. Restoration Ecology 27：S3-S46.

标题：生态恢复实践的国际原则与标准（第二版）

页眉：国际生态恢复标准

作者：

George D. Gann，美国区域保护研究所，德尔雷比奇，佛罗里达州，33483，美国；国际恢复生态学学会，华盛顿，20005，美国。

Tein McDonald，澳大利亚生态恢复学会，库马东大街10号，新南威尔士州，2630，澳大利亚。

Bethanie Walder，国际恢复生态学学会，华盛顿，20005，美国。

James Aronson，密苏里植物园保护和可持续发展中心，密苏里州圣路易斯，63166，美国。

Cara R. Nelson，蒙大拿大学弗兰克森林与保护学院生态与保护科学系，米苏拉，蒙大拿州，59812，美国；世界自然保护联盟生态系统管理委员会生态系统恢复专题小组，格朗，1196，瑞士。

Justin Jonson，阈值环境有限公司，奥尔巴尼，西澳大利亚州，6331，澳大利亚。

Cristina Eisenberg，地球观测研究所，波士顿，马萨诸塞州，02134，美国；俄勒冈州立大学林业学院森林生态系统与社会系，科瓦利斯，俄勒冈州，97331，美国。

James G. Hallett ＊，国际恢复生态学学会，华盛顿，20005，美国，

＊通讯作者：jghallett@ gmail. com。

Manuel R. Guariguata，国际林业研究中心，莫利纳大道1895号，利马，秘鲁。

刘俊国，南方科技大学环境科学与工程学院，深圳，518055，中国；北京生态修复学会，北京，中国。

华方圆，北京大学生态研究中心，北京，100871，中国；动物学系，剑桥大学，剑桥CB2 3EJ，英国。

Cristian Echeverría，康塞普西翁大学森林科学学院景观生态学实验室，康塞普西翁，智利。

Kris Decleer，自然与森林研究所，Herman Teirlinck 大楼，布鲁塞尔，1000，比利时。

Emily Gonzales，加拿大公园，温哥华西佐治亚街 300-300，BC V6B 6B4，加拿大。

Nancy Shaw，草原、灌木丛和沙漠生态系统研究所，USFS 落基山研究站，博伊西，爱达荷州，83702，美国。

Kingsley W. Dixon，科廷大学分子与生命科学学院 ARC 矿区修复中心，宾利，西澳大利亚州，6102，澳大利亚。

作者贡献

George D. Gann、Tein McDonald 和 Bethanie Walder 统筹协调了《标准》的编制，并征求了《标准》（第一版）文件和后续修改稿件的审稿意见。George D. Gann、Tein McDonald、Bethanie Walder、James Aronson、Cara R. Nelson、Justin Jonson、Cristian Echeverría、James G. Hallett、Manuel R. Guariguata、刘俊国、华方圆、Emily Gonzales 和 Kingsley W. Dixon 撰写了《标准》的各章节内容。James G. Hallett 编辑并修订了《标准》。Nancy Shaw 和 Kingsley W. Dixon 对《标准》的各个部分进行了解释说明。

关键词：生物多样性保护，全球生态恢复政策，生态恢复目标，参考系统，恢复连续性统一体，生态恢复基本原则

目　　录

| 第1章 | 引 言

《生态恢复实践的国际原则和标准》（简称《标准》）旨在为生态恢复实践者、从业人员、在校学生、规划人员、管理者、监管机构、资助机构，以及世界各地参与退化生态系统（无论是陆地、淡水、沿海还是海洋）修复的机构提供指导。《标准》（第二版）将生态恢复置于全球背景下（包括快速全球变化），在恢复生物多样性和改善人类福祉方面发挥着重要作用。

1.1 生态恢复是改善生物多样性和人类福祉的重要手段，并在更广泛的全球倡议中发挥作用

人类已经认识到，地球的原生生态系统具有不可替代的生态、社会和经济价值。除生物多样性和生态景观美学以及精神和灵感相关的文化服务等内在价值外，健康的原生生态系统能够促进生态系统服务的流动，这些服务包括提供干净的水，清洁的空气，良好的土壤，具有重要文化意义的文物，以及对人类健康、福祉和生计至关重要的食物、纤维、燃料和药物。原生生态系统还可以减少自然灾害的影响，缓解不断加速的气候变化。生态系统的退化、损害和破坏（以下统称为退化）会削弱生态系统的生物多样性、功能和弹性，从而对社会生态系统的弹性和可持续性产生负面影响。尽管保护现存的原生生态系统对于保护世界的自然和文化遗产至关重要，但生态系统仍在持续退化，仅仅对现存的原生生态系统实施保护是不够的。为应对当前全球环境挑战并确保对人类福祉至关重要的生态系统服务的可持续性，人类不仅要致力于环境保护，还要致力于包括生态恢复在内的环境修复，以确保增加原生生态系统面积，增强生态系统功能。这种生态恢

复必须在多个尺度上实施，以在全球范围内实现可衡量的效果。

随着人类对环境修复必要性认识的不断深化，生态恢复及其相关研究也受到全球范围内的关注（另见第三部分，第 4 章）。例如，2030 年联合国可持续发展目标（sustainable development goals，SDGs）呼吁恢复已退化的海洋和沿海生态系统（目标 14）和陆地生态系统（目标 15），这些目标要求"保护、恢复和促进陆地生态系统的可持续利用，可持续管理森林，防治荒漠化，制止和扭转土地退化，遏制生物多样性的丧失。"2016 年的《生物多样性公约》呼吁"恢复退化的自然和半自然生态系统（包括城市环境），扭转生物多样性丧失，恢复连通性，改善生态系统的弹性，加强生态系统服务的供给能力，减缓和适应气候变化影响，防治荒漠化和土地退化，改善人类福祉，同时降低环境风险，缓解资源稀缺。"另外，联合国大会宣布 2021～2030 年为"生态系统恢复十年"。然而，这些倡议和协议中的恢复概念非常宽泛，涵盖了所有重要的生态系统管理方法和基于自然的解决方案。在此基础上，《标准》论述了生态恢复与其他生态系统管理方法及其基于自然的解决方案之间的关系，并阐明生态恢复在促进保护生物多样性和改善全球人类福祉目标方面的具体作用。

1.2　原则和标准的必要性

修复退化的生态系统是一项复杂的任务，需要大量的时间、资源和知识。生态恢复在很大程度上有助于保护生物多样性和人类福祉，但许多即便是高投入的恢复项目和计划，都未能获得理想的结果。该《标准》认为，为了有效地改善生态恢复效果，需要合理的设计，有效的规划和实施，丰富的知识、技能和资源，对社会背景和风险的充分了解，利益相关方的参与，以及充分的监测等适应性管理原则。本文件通过对不同生态系统制定技术层面的实施标准帮助提高生态恢复效果，该标准提供了利益相关方参与生态恢复的框架，尊重利益相关方对社会文化的现实需求。该框架在强制性恢复（生态恢复被作为项目的主要内容）和非强制性恢复（自愿恢复）中均能得到很好的应用。无论是用于指导机构、公司或个人从事规划、实施和监测；还是用于指导监管机构制定强制恢复的标准，并评估这些标准是否达到目标；抑或是用于指导决策者设计、资助和评估不同规模的恢复项目，这些标准都有助于提高生态恢复的成功率。因此，明确的、合理的生态恢复原则和标准能够显著地减少生态系统和原生生物多样性潜在风险，并有助于开展适合监测和评估的高质量项目与计划。

1.3　背　　景

《标准》（第二版）参考借鉴了一系列 SER 的基础文件集，包括《国际生态恢复学会关于生态恢复的入门介绍》（SER，2004）、《恢复项目开发和管理指南》（Clewell et al.，2005）、《生态恢复：保护生物多样性和维持生计的手段》（Gann and Lamb，2006）、《保护区的生态恢复：原则、指南和最佳实践》（Keenleyside et al.，2012）。《标准》（第二版）还充分借鉴了 SER 的《道德准则》（SER，2013），同时，《标准》（第二版）还特别借鉴了《澳大利亚生态恢复实践国家标准》两个版本的内容和模型（McDonald et al.，2016a，2018）。生态恢复领域几本有影响力的书包括《恢复生态学：新的研究前沿》（Van Andel and Aronson，2012）、《生态恢复：新兴职业的原则、价值和结构》（Clewell and Aronson，2013）、《恢复生态学基础》（Palmer et al.，2016）、《Routledge 生态与环境恢复手册》（Allison and Murphy，2017）和《生态修复项目管理》（Liu and Clewell，2017）。《标准》（第二版）还参考了以下资料：《生态系统恢复全球优先》社论（Aronson and Alexander，2013）、《生态系统恢复：CBD 短期行动计划》政策文件（Convention on Biological Diversity，2016）、《与自然合作：森林和景观恢复中的自然再生案例》（Chazdon et al.，2017）和《恢复森林和景观：GPFLR 可持续未来的关键》（Besseau et al.，2018）等政策文件。国际恢复生态学学会出版的《恢复生态学》期刊、岛屿出版社出版的《生态恢复科学与实践》系列丛书以及其他相关文件，都给《标准》（第二版）的完善提供了依据。为了简洁起见，第 1 ~

3 章基本上没有引用参考文献，但第 4 章（引领性的生态恢复实践）、附录 1 和附录 S1① 都引用了参考文献。

1.4 该版本的新内容是什么?

为了更好地强调人类在自然界中发挥的不同作用以及土著群体的目标如何融入生态恢复的整体情况，我们重新制定了《标准》的基本原则，以突出社会经济和文化因素。原则 1 扩展了社会目标，并包括了一个新的"社会福利轮"（social benefits wheel），以体现生态恢复项目的社会目标和总体目标。《标准》（第一版）的基本原则和关键概念部分合并到《标准》（第二版）的原则部分。附录 S1 提供了一份翔实的关于生态恢复概念和原则的清单。《标准》（第一版）第四部分中关于扩大生态恢复规模和拓宽生态恢复与相关活动之间关系的内容，纳入《标准》（第二版）的原则 7 和原则 8 中。参考模型和恢复方法等关键内容被纳入《标准》（第二版）第 4 章的引领性的生态恢复实践部分。该部分还考虑将生态恢复纳入全球恢复计划。我们增加了在生态修复中如何选择种子和其他繁殖体来源的技术附录。

1.5 主要定义及术语

SER 将生态恢复定义为协助已经退化、损害或者彻底破坏的生态系统恢复到原来发展轨迹的过程。它不同于支持生态恢复实践的科学——生态恢复学，同样，它也不同于恢复原生生态系统和生态系统完整性的其他形式的环境修复。生态恢复的目标是使退化的生态系统处于恢复的轨道上，使其适应当地和全球的变化，并确保物种得以持续和进化。

---

① 该附件请直接查看电子文档，网址 https://onlinelibrary.wiley.com/action/downloadSupplement? doi = 10.1111%2Frec.13035&file = rec13035-sup-0001-Supinfo.pdf

生态恢复通常用于描述生态系统恢复的过程和结果。《标准》保留了"restoration"一词，用于描述所开展的活动；同时，保留了"recovery"一词，用于描述最终实现的结果。《标准》将生态恢复定义为以实现生态系统恢复为目标的任意形式的活动，这些活动对照适当的参考模型，与实现恢复所需的时间无关。用于生态恢复项目的参考模型的信息来源于原生生态系统，包括许多传统的文化生态系统（见原则3）。

生态恢复项目和计划包括一个或多个目标，这些目标用于识别将要恢复达到的原生生态系统水平（由参考模型提供）；同时，这些目标用于确定拟恢复达到的水平。完全恢复被定义为经过生态恢复后所有关键生态属性与参考模型非常相似的一种状态或条件。如果由于资源、技术、环境或社会因素限制而只能计划或实现低水平的恢复时，则称为局部恢复。生态恢复项目和计划应该致力于恢复本地生物群与生态系统功能（与下面的生态修复形成对比）。当生态恢复的目标是完全恢复时，一个重要的基准是生态系统何时显示自组织性。在这个阶段，如果有意想不到的阻碍或缺少特定物种或过程阻碍了恢复过程，可能需要进一步的干预措施以确保向完全恢复的方向努力。一旦实现了完全恢复，任何正在进行的干预措施将被视为生态系统维护或管理。特定干预措施，如焚烧或控制入侵物种，可用于项目的恢复和维护阶段。恢复项目的目标不是单纯地将生态系统恢复到原始面貌，而是恢复一定程度的生态系统功能，以便能提供和原生生态系统相似的生态系统服务。生态恢复是诸多恢复性活动之一，这些恢复性活动包括生态恢复及其相关的或互补的活动，所有这些活动都有助于改善生态系统完整性和社会–生态恢复力（见原则8）。

1.6　基础假设

生态恢复的假设是制定该《标准》的基础。首先，恢复大多数本地生态系统是一个具有挑战性的过程，实质性恢复通常需要很长时间。因此，许多生态恢复项目并不能具备像原生生态系统那样的生物多样性、生态功能以及提供生态系统服务的能力。因此，虽然生态系统在退化或丧失后，有可能通过强制手段缓解和恢复，但永远不应将生态恢复的潜力作为破坏或损坏现有本地生态系统的理由。同样，转移稀有物种也不能成为破坏现有完整栖息地的理由。然而，在规定补偿的情况下，补偿水平应远远超过估计的由于生态系统损失或退化而引起的生态服务价值的损失，并应注意确保这种补偿不会引起额外的退化。

其次，《标准》阐述了使用本地参考生态系统作为恢复生态系统的模型。具有多个信息来源的参考模型旨在表征未退化的，或为适应生物或环境条件的变化（如气候变化）而做过必要调整的生态系统的状况。《标准》还明确指出，适当的生态恢复参考模型不是基于过去某个时间点的固定生态群落，而是基于增加本地物种，帮助群落恢复并继续提高生态系统重新组合、适应和进化的潜力。

最后，生态恢复是一系列旨在保护和可持续利用本地生态系统的管理实践的一部分，这些实践包括再生农业、渔业、林业和生态工程。生态工程种类繁多，既包括《生物多样性公约》、联合国 2030 年可持续发展目标援引的生态工程，也包括森林景观恢复（Forest Landscape Restoration，FLR）项目以及众多地方和区域性的项目。因此，生态恢复是对其他保护活动和基于自然的解决方案的补充，反之亦然。

| 第 2 章 | 生态恢复的八项原则

八项原则提供了解释、定义、指导和衡量生态恢复实践活动与结果的框架（图2-1）。这些原则是从 SER 基础文件、科学文献和从业人员实践中提出的原则及概念进行凝练得到的（附录 S1）。

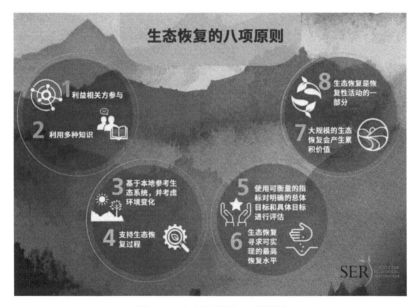

图 2-1　生态恢复的八项原则

2.1　原则1：生态恢复需要利益相关方参与

进行生态恢复的原因有很多，包括恢复生态系统完整性，并满足个人、文化、社会经济和生态价值。这种生态和社会效益的结合可以提高社会–生态韧性,使得人类从与自然更密切和互惠的接触中受益。参与恢复项目可以带来变革:参与恢复项目的儿童可在恢复场所发展个人使用权,社区志愿者在恢复实践或科学中可以寻求新的职业或职业道路。位于退化的生态系统内或附近的社区可以通过恢复获得健康和其他方面的好处,如改善空气、土地、水和本地物种栖息地的质量。原著居民和当地社区(农村和城市)受益于以自然为基础的文化、习俗和生计(如自给性捕鱼、狩猎和采集)。此外,生态恢复可以为当地利益相关方提供短期和长期的就业机会,同时创造积极的生态和经济反馈互动。

利益相关方可以制定或终止一项生态恢复项目。生态恢复取决于利益相关方对期望和利益的认识,以及利益相关方直接参与生态恢复的程度,这可以确保自然和社会的共同繁荣。利益相关方可以帮助确定整个景观中恢复行动的优先级,设定项目目标(包括恢复水平),提供有关生态条件和演替模式的知识,以改进构建的参考模型,并开展参与式监测活动。此外,利益相关方可以为项目的长期可持续性提供政治和财政支持,并缓和可能出现的冲突或分歧。承认各种形式的财产所有权和各种形式的管理(如政府、私人或社区),以及承认土地使用权和社会组织,对于实现生态恢复目标至关重要。因此,恢复项目的管理者应该真正地、积极地与在生态恢复场地内或附近的居民进行交流;同时,多与同项目的生态价值和自然资本(包括生态系统服务)有利害关系的人进行接触。理想情况下,这种参与应在生态恢复概念形成阶段或在生态恢复项目启动之前开展,因此利益相关方可以帮助确定生态恢复愿景、生态恢复目标,以及恢复实施和监控的方法。整个项目实施过程中都应致力于满足社会期望,培养利益相关方的主人翁意识和能力,同时保持他们对生态恢复的支持和投入。在所有利益相关方之间建立协同对话和信任,有利于建立对不同观点和不同知识的尊重,并在项目的所有阶段保持兴趣和应有的承诺。这种合作可以促进更迅速和更有效的地方决策,特别是在进行参与式或协作式的监测时,生态恢复效果更为显著。

与包括土著社区、非营利市民团体和公众科学家在内的当地社区合作制定生态恢复计划,可以增加社区对生态恢复投资的力度。青年和妇女可以成为生态恢复强有力的代言人，特别是在服务水平低的社区。这种社区参与可能会将社会公正和人类生态的组成部分带入生态恢复项目，并有助于充分利用生态恢复项目资金。

在生态恢复的规划阶段，必须在制定生态目标的同时一起确定社会和人类福祉目标（包括恢复或加强生态系统服务的目标）（见原则 5、原则 7 以及 3.4 节）。在许多文件中都给出了如何确定适当目标的指南，来优化社会−生态系统中社会和环境效益（Lynam et al.，2007；Keenleyside et al.，2012；REDD + SES，2012；Conservation Measures Partnership，2013）。图 2-2 和表 2-1 是用于描述社会目标进展的模板。可以通过调整这些模板内容以适应不同生态恢复项目的社会目标。

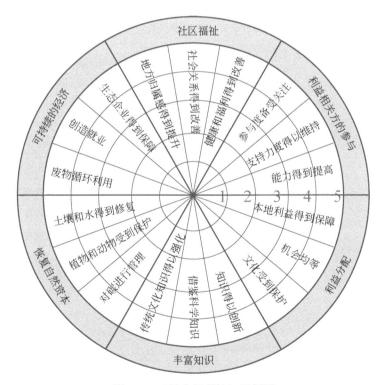

图 2-2　"社会福利轮"示例图

社会福利轮用于跟踪生态恢复项目，并量化其社会发展目标的实现程度。本图和表 2-1 可作适当调整，以适应生态恢复项目的具体目标和总体目标。与项目参考模型相比，该图补充了用于评估生态恢复进度的生态恢复轮，并在原则 5 中进行了介绍

表 2-1　评估生态恢复项目社会目标进展的五星级系统示例，"社会福利轮"可以应用于小型或大型项目，规项目规模可以影响生态恢复的范围，而不能将其视作属性等级

属性	★	★★	★★★	★★★★	★★★★★
利益相关方的参与	利益相关方确定生态恢复项目及其基本原理。同时，制定持续的沟通策略	主要利益相关方支持并参与生态恢复项目规划阶段	在生态恢复项目开始实施阶段，利益相关方的数量、所给予的支持和参与度呈递增趋势	在整个实施阶段整合巩固利益相关方的数量、所给予的支持和参与度	利益相关方的数量、所给予的支持和最佳的参与情况，以及自我管理和后续安排等都各就各位
利益分配	协调当地社区的利益，确保机会公平，并加强与生态恢复场地的传统人文关系	开始给当地社区带来利益并确保机会公平。传统的人文要素酌情纳入生态项目规划	给当地人带来的利益为中等水平，并保持机会公平。任何传统文化元素在生态恢复项目实施过程中都得到了很好的保护	给当地人带来的利益为高水平，并保持机会公平。在生态恢复项目中大量的融合传统人文元素，增加和谐度	给当地人带来的利益为很高水平，并且机会均等的程度很高。任何传统人文元素都得到最佳融合，并大大有助于和谐及社会正义
丰富知识	确定现有知识的相关来源并选择产生新知识的机制	现有知识的相关来源（以及新知识的潜力）为生态恢复项目规划和监控设计提供信息	生态恢复实施阶段利用所有相关知识，利益相关方的反馈和早期项目结果	所有相关知识以及项目本身的试错过程均丰富了生态恢复的实施。对结果进行了分析和报告	生态恢复项目的所有相关知识和成果丰富了恢复过程的执行情况，并被广泛传播，包括向其他有类似项目的人传播
恢复自然资本	土地和水管理系统可以减少过度采伐和恢复，并保护恢复场地的自然资本	土地和水资源管理系统导致生态恢复场地的自然资本低水平的恢复和保护	土地和水资源管理系统可以实现自然资本中等水平的回收和保护（包括改善碳预算）	土地和水资源管理系统可以实现自然资本高水平的回收和保护（包括碳中和状态）	土地和水资源管理系统可以实现自然资本的高度回收和保护（包括实现减碳正效益）

属性	★	★★	★★★	★★★★	★★★★★
可持续的经济	可持续业务和就业模式处于规划阶段（适用于项目或辅助业务）	开始建立可持续的商业和就业模式	可持续商业和就业模式处于测试阶段	可持续商业和就业模式的试验成功	可持续商业和就业模式的试验取得很大的成功
社区福祉	核心参与者确定为社区管理员，并可能改善社会关系和提升地方归属感	所有参与者都认识到并预期从改善的社会关系和提升的地方归属感中受益	许多利益相关方预期从改善的社会关系、地方归属感和包括休闲娱乐在内的生态系统服务的回报中获益	大多数利益相关方预期从增加的社会关系、地方归属感和包括休闲娱乐在内的生态系统服务的回报中获益	公众普遍认识到可以从当地参与和生态系统服务的回报（包括休闲娱乐）中获益

注：社会目标将是多种多样的。表中并非所有元素都与所有生态恢复项目相关。

2.2　原则2：生态恢复需利用多种知识

生态恢复实践需要较高水平的生态领域的知识，这些知识可以从实践经验、传统的生态知识（traditional ecological knowledge，TEK）、地方生态知识（local ecological knowledge，LEK）（见专栏1）和科学发现中获得。所有这些形式的知识，无论是正式的还是非正式的，都是基于系统观察和反复试验的产物。可获取的最佳知识应为生态恢复的设计和实施提供信息，并为适应性管理（见原则5）做出贡献，生态恢复结果可以进一步帮助改进管理方法。

专栏1 传统生态知识及其与生态恢复的相关性

传统生态知识（TEK）是指代代相传的知识和实践，这些知识和实践具有强烈的文化积淀、对变化的敏感性，并具备互惠的价值观。用传统生态知识进行土地管理的例子包括利用预留的火种和季节性的洪水来改变植被，也包括保护生态系统的一些动物（如海狸和大象）或顶级捕食者（如狼和狮子），从而改善其他物种的栖息地，反过来改善人类的食物资源。这些过程在生态系统的自然变化范围内起作用。千百年来，土著居民一直采用这种做法，以提高粮食、医药原料和传统礼仪用品相关的生态系统的生产力。TEK涉及互惠、共享和约束机制，这是由精神信仰所维系的，这些信仰将植物和动物视为人类的伙伴。TEK通过创建精致的景观镶嵌体来增加生物多样性并改善生态弹性。TEK的观测是定性和长期的，观察者通常是从事狩猎、捕鱼和采集等谋生活动的人，他们的生存与土地的健康息息相关。最重要的是，TEK与文化精神和社会结构密不可分。在土著居民的世界观中，人类的身体、心灵和精神都需要从生态学的角度来理解事物。因此，TEK提供了重要的生态见解，也提供了有用的知识网络，其中包含有助于恢复生态系统的价值观。

地方生态知识（LEK）是指人类为增加更多的土地和更健康的生态系统、增加生物多样性和提高生态系统弹性而应用的土地知识及其被应用过程。在原著居民不存在的地方或缺乏本土实践知识的地方，LEK却是普遍存在的。例如，LEK在欧洲广泛存在，包括工业化前时代的农业、水资源管理和自给自足的狩猎实践。在某些地方，LEK和TEK可以一起发挥作用，尽管它们可能来自不同的文化背景。

通过将TEK或LEK纳入生态恢复，从业人员可以快速识别和评估物种及其适应性、演替过程和阶段，以及与关键物种之间的相互作用。此外，TEK和LEK可以通过焚烧、轮牧和水资源管理等文化习俗，帮

> 助评估本地参考生态系统并促进生态恢复。通过将西方科学、TEK 和 LEK 结合起来共同创建生态恢复策略，可以为修复退化的生态系统提供特别有效的方法。

从业人员具备的生态恢复的知识源于在恢复生态系统过程中积累的经验，以及来自一系列学科的信息（如恢复生态学、农学和种子生产、林业、园艺、植物学、野生动物科学、生物学、水文学、土壤科学、工程学、景观设计、保护生物学和自然资源管理学）。此外，LEK 和 TEK 专家（通常是当地社区的成员）可以提供有关站点及生态系统的广泛而详细的信息，这些信息来自他们与这些站点的长期联系。多种形式的知识被整合到生态恢复项目中时，可以促进在生态、社会和文化方面的生态恢复效果。

通过系统观测和检验假设可以产生科学知识。生态恢复相关的科学知识来源于物理、生物、社会和经济科学（包括恢复生态学、保护生物学、保护遗传学和景观生态学等子学科）等多个学科的基础及应用研究。虽然这些知识提供了设计和实施生态恢复项目所必需的信息，但在理解恢复活动的效率（即实现最终目标和具体目标的程度）和效果（即对管理措施的生物和非生物反应）、气候变化的生态响应以及提高气候应对等方面存在很大的不足（见原则 3 和附录 1）。另外，对生态恢复实践的科学评估可以解决基本的社会–生态问题，如生态系统如何构成和运作。不是所有生态恢复项目都需要产生新的科学知识，这也是不现实的，但我们仍需对新的科学知识高度重视，尤其是对生态治理效果了解很少或生态恢复干预存在极高风险的情况下（如采矿之后生态系统重建）。

从业人员与研究人员可以通过有效的实验设计和改进评估推断能力来提高科学研究水平。此类研究可以最大限度地提高创新能力并为管理提供有效的指导。有针对性的研究可以帮助实践者克服棘手的生态恢复问题（如苛刻的基质条件、低繁殖率、种质资源供应不足和质量低下问题；见附录 1）。此外，共享生态恢复结果有助于降低其他项目的成本。从业人员和具有当地知识的专家可以在大型研究项目中发挥重要作用,他们可以帮助提供通往项目场地的路径信息,识别能力方面的"瓶颈"和信息方面的缺陷,以及为项目后勤做出贡献。

分享实践和科学知识是有效实施生态恢复并取得大规模成功的关键。推进大规模生态恢复的科学研究和实践的一个重要途径是发展与促进不同国家之间和国家内部之间的双边及多边合作(见4.4节)。应鼓励不同区域之间互相分享经验和专业知识,共同筹资和开发新知识,以获取更有效的政策和实践经验。南南合作对于发展中国家和新兴工业化国家的知识共享尤为重要。

应在生态恢复项目立项阶段确定科学数据的可获取性以及生态恢复治理效果。在强制性生态恢复项目实施期间出现技术挑战时,应进行有针对性的研究,以在合理的时间范围内确定替代措施。如果此类研究仍未能提供解决方案,则应规划替代方法来满足项目要求。

在实现生态恢复目标方面缺乏进展,并不意味着生态恢复未来在技术上、实践上或经济上都不可行。知识和技术能力的缺乏可以通过适应性管理加以克服,适应性管理是与基于成果的生态监测相关联的。然而,在强制恢复方面(如采矿部门),应在项目开始前具备需要的知识和能力,以确保能够履行法律协议。

2.3 原则3:生态恢复实践需要原生参考生态系统提供信息,并考虑环境变化

生态恢复需要确定原生生态系统,用于构建参考模型,规划和沟通生态恢复项目最终及具体目标的共同愿景。参考模型应基于现实中保护完好的生态系统,如北方森林、淡水沼泽、珊瑚礁等,它们可以作为生态恢复活动的目标。最佳参考模型描述的是未发生退化的场地的近似情况。这种情况不一定与历史状态相同,因为生态系统在面临不断变化的环境条件下具有内在的适应能力。在某些情况下,快速环境变化的影响和生态系统对这些变化的适应可能需要调整或采用替代模型(见专栏2和专栏3以及4.1节)。

专栏2 参考生态系统和气候变化

在过去几千年、几百年和几十年的不同阶段，气候的持续变化是我们地球的一个重要特征。虽然这种环境变化的背景是不变的，但人为引发的气候变化已经加剧了全球生态系统的变化速度。这些变化通常被认为是不受欢迎的，需要社会采取紧急行动，但在可预见的未来，预期的变化可能是不可逆转的。这意味着，在采取措施提升恢复潜力、减缓气候变化的同时，还需要认识到气候变化是导致许多物种适应或灭绝的一种环境要素。

当前关于气候变化对物种和生态系统影响的研究可以为制定生态恢复目标提供信息。虽然存在不确定性，但我们知道，气候变化下的物种更替和群落重组将导致特定地理区域（如海洋、沿海、高山和寒温带群落）的整个生态系统发生重大变化。值得注意的是，这种变化可能不会发生在一些气候缓冲的生态系统中。但在其他生态系统中，某些物种的"气候包络"将在空间上发生变化。随着气候变化，有些物种将消失，而另一些物种则可能由于可塑性强或能适应环境条件变化而存活了；同时，还会有新的物种加入。

土地退化，特别是破碎化，加剧了气候变化对许多物种和生态群落的影响。一方面，种群隔离对遗传多样性和适应潜力产生不利影响，另一方面限制了物种分散和迁移到合适气候条件的机会。因此，需要采取管理干预措施，优化遗传多样性和种群适应潜力，防止在现有生物灭绝，并促进这些生物向新地区迁移。可行的方法有：保留和增加现有本地花卉及动物物种的遗传多样性种群，并确保这些种群以适当的方式增加联系和优化基因流，以增强对变化条件的适应性（见4.3节）。

专栏3　环境变化无法克服怎么办?

针对受重大和无法克服的环境变化影响的区域，项目负责人可用替代的原生生态系统作为恢复目标。在变化的条件下，生态系统的状态可能发生改变。状态转换的例子包括：①盐水向淡水转变（如由于河流流量的变化）、淡水向盐水转变（如海平面上升），或从中度干旱向干旱转变（如由于水位下降，或河流和湖泊完全干涸）。②暴雨产生了间歇性的溪流。③土壤中存在过量的营养物质，不经过极大的努力或不投入足够的资金，土壤中的营养物质就无法清除。当传统的焚烧制度或其他生态系统功能被不可逆转地改变时，也可以选择替代参考生态系统。

确定替代参考生态系统是否合适，这取决于当地条件和不可逆转的情况，并需要准确的生态判断（图2-3）。例如，在城市或高度改良的农业地区，可能有一个以上的替代参考生态系统是合适的，因此必须仔细选择，以符合当地的社会-生态状况。此外，一个地点的外部景观可能不是生态恢复潜力的可靠指标。在许多情况下，生态恢复被认为是不可能实现的，但是在采用有效的生态治理方法之后，最后实现了生态恢复。当生态恢复的可能性无法确定，但是非常需要生态恢复时，标准的方法是在一小块区域进行试验干预，保持一定时日以确定生态治理效果。试验干预的设计需要科学家和实践者之间合作展开，并且所设计的试验有助于为选择合适的生态系统提供信息，以用作参考模型。

使用多种信息源来构建参考模型。最佳实践是从多个现代类似或参考场地获得特定生态属性信息并构建经验模型。这些场地在环境和生态方面与生态恢复项目场地相似，但经历了很少或最低程度的退化（见专栏4）。生态恢复场地的过去和现状信息，以及与利益相关方协商的信息可以帮助构建参考模型，特别是在选择没有原生的参考站点来构建参考模型的情况下。这些信息通常在生态恢复项目的场地评估或基准库存调查阶段（原则5）。

参考生态系统的决策树

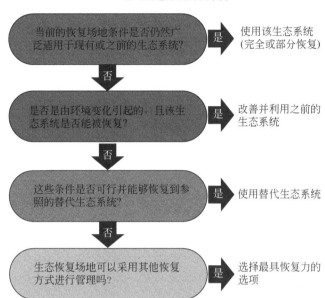

图 2-3 协助生态恢复项目选择合适的本地参考生态系统的决策树

在生态保护区较少的地区，未退化的参考站点可能很少见。在这种情况下，以前经历过多次自然生态恢复的受损地点（如新的保护区、考古遗址、围栏军事地点或非军事区）可以表明经过特定类型的受损恢复之后的恢复轨迹。参考条件可以结合演替模型、历史数据和未来变化模型，从场地的受干扰程度最小的区域推断而出。

专栏 4　基准的重要性

在生态恢复中，"基准"这个词有两种不同的用法。在生态恢复标准中，基准是指在生态恢复过程开始时恢复场地的状况。在其他情况下，基准描述了退化前的生态系统（如《生物多样性公约》所使用的）。第二种用法也适用于转变（或退化）基准的概念，该基准描述了一些生态系统可能比先前认为的退化程度更严重，或者当前的观察者认为生态系统没有退化，而先前的观察者则认为已经退化。在海洋生

态系统和渔业中,转变基准得到了特别深入的研究。在本标准的背景下,在使用参考场地构建生态恢复参考模型时,必须考虑移动基准基准转变的概念,因为参考场地可能被视为未退化或退化程度最低,但可能缺少重要的物种或功能。如果不考虑上述情况,则可能会导致参考模型不准确。

此外,基准问题对于强制性恢复项目很重要,因为生态恢复相关机构可能会根据对非退化生态系统构成的错误观念来制定较低的标准。这对生物多样性补偿项目很重要,如果设计不当,可能会导致生物多样性的持续退化和丧失。此外,已经证明,即使可以完全恢复,生物多样性和生态系统功能的净损失可能会持续很长时间,直到实现完全恢复。因此,无论是强制性的还是自愿性的生态恢复项目,都应该努力做得更多,以确保生物多样性和生态系统服务的总体净收益。

重要的是,参考模型应该基于生态恢复的特定生态属性,并考虑生态复杂性和时间变化(即生态系统的演替和平衡动态;见4.1节)。六个关键的生态属性(表2-2)可用于描述参考生态系统。这六个生态属性共同促进了整个生态系统的完整性,这些属性源于健全的、功能完备的原生生态系统所固有的多样性、复杂性和弹性。鉴于需要进行生态恢复的生态系统种类很多,这些属性类别是宽泛的而不是指定的。

表2-2 用于表征参考生态系统的关键生态属性的描述,以及评估基准条件,设定项目目标以及监测恢复场地的恢复程度。这些属性适用于原则5中的监测和原则6中讨论的五星系统

生态属性	描述
免于威胁	不存在对生态系统的直接威胁,如过度使用、污染或入侵物种
物理条件	存在维持目标生态系统所需的环境条件(包括土壤和水的物理、化学条件以及地形)
物种组成	存在适合参考生态系统特征的本地物种,而不存在不适合的物种

续表

生态属性	描述
结构多样性	关键结构组成部分的多样性,包括种群发育阶段、营养水平、植被层和空间栖息地多样性
生态系统功能	适当的生长和生产力水平、营养循环、分解、物种相互作用和干扰速率
外部交换	通过非生物和生物成分的流动与交换,生态系统被适当地整合到其更大的景观或水生环境中

在特定的时间点,参考模型不应使生态系统固定不变。生态系统的一个固有属性是,由于内部因素(如种群增长率的变化)和外部因素(如物理干扰)的干扰,生态系统会随着时间的推移而变化。参考模型的构建应明确关注于理解时间动态,以提供可行的恢复设计,使本地物种能够恢复、适应、进化和重组。

一个生态恢复项目可能需要多个参考模型。首先,大型项目在不同的地点可能存在不同的生态系统或位于生态交错带。其次,项目可能需要多个或连续的参考模型来反映生态系统动态或预期的时间变化。在经过生态恢复之后,恢复站点就立即处于演替发展的早期阶段,然后进入其他演替阶段①。对于具有复杂平衡动力学的生态系统,可能存在多个演替路径,并且可能需要多个生态恢复模型来尝试描述不同的可能恢复结果。这些替代状态可能源于人口密度或环境驱动因素的变化,或两者的组合。此外,随着时间的变化,参考模型需要根据生态恢复项目监测结果进行调整。

传统的文化生态系统。世界上大多数生态系统都受到人类的影响,因为人类利用生态系统提供食物、纤维、药物或文化相关的产品(如具有精神意义的图腾)等。传统文化生态系统概念认为,生态系统不仅仅是生物的组合,而且也反映了过去环境条件下植物、动物和人类的共同

---

① 相比之下,没有表现出演替阶段的生态系统将不需要连续的参考模型——例如,非洲南部的超多样化的开普植物王国(Cape Floral Kingdom)和澳大利亚西南地区生物多样性热点地区,这个热点地区是在不肥沃基质上形成的古老而稳定的生态系统。

进化。原生生态系统在多大程度上是人类改造的结果，这一点还不清楚；但是众所周知的是，传统生态恢复实践对生态系统进行改造和维护的过程与自然干扰过程类似。例如，森林中发现的开阔草地通常归因于土著居民的焚烧。如果人类利用的草原生态系统表现出与天然火灾下的热带稀树草原和草地相似的物种与生物物理特征时，人类利用区域应被视为原生生态系统。在支持本地生物多样性的区域，应鼓励将传统的管理做法作为维持健康生态系统的必要组成部分。事实上，在一些生态系统中，缺乏传统管理（如缺乏传统的焚烧、放牧、收获、种植、季节性洪水）会导致退化。同样，欧洲许多古老的灌木林地和物种丰富的干草地，以及地中海地区和萨赫勒地区等其他古老的经过人类改造的生态系统都是原生生态系统和生态恢复的合理参考模型的例子。在欧盟的法律背景下，这些被称为半自然生态系统（不是人工生态系统），包括白垩草原、干湿荒地、林地牧场、季节性山地牧场、放牧盐沼、地中海灌木丛和农林复合系统，以及半自养鱼塘。

由于传统的文化生态系统中复杂的社会-生态关系及历史变迁，多个互补的生态系统可以作为生态恢复的参考。在某些情况下，生态修复目标可能是生态系统的早期演替阶段，并通过传统的手段来维持。古代或现代人工生态系统主要由非本地物种组成，主要利用人工肥料，这种人工生态系统或在结构上或在功能上与区域原生生态系统（如正式的植物园）不同，因此，古代或现代文化生态系统不适用于此处定义的生态恢复参考模型。

2.4 原则4：生态恢复支持生态系统恢复过程

生态恢复措施旨在协助自然恢复过程，这些措施最终是通过物理过程随时间的演替效果以及生物群在整个生命周期中的反应和相互作用来实现的。生态恢复活动的重点是恢复适合这些过程的组成部分和条件，以重新开始和支持生态属性的恢复，包括自组织能力和生态系统对未来压力的恢复能力。这些生态恢复活动是基于参考模型（见原则 3）和协商的恢复项目的明确目标、最终目标和具体目标（见原则 5）进行规划与实施的。

最可靠和最经济的生态恢复方法是充分利用剩余物种的潜力（如植物、动物、微生物）去再生（即从原址组成部分中克隆或扩张）。生态系统退化通常需要大量干预以弥补丧失的自然恢复潜力（见 4.2 节）。在生态恢复项目的基准库存建立之后，决定生态治理之前，要实施一定的评估工作，确定需要清除的导致退化的干扰源以及清除之后的再生潜力，现有的再生潜力或需要恢复缺失的生物和非生物元素。评估工作应以出现在该地区或在该地区定居的各个物种的功能特征（特别是恢复机制）知识为基础，并预测繁殖体储量和流量。在生态恢复知识不足的情况下，有必要在大规模推广应用之前，小规模地测试生态恢复过程。针对自然恢复潜力较大的地区，可以优先考虑自然恢复，以便为需要更集中恢复的地区节约资源（见 4.2 节）。

生态恢复干预结果可能会出乎意料。从业人员必须做好进行额外的生态治理或开展相关研究的准备，以克服自然恢复的不足。例如，旨在刺激本地物种恢复的生态恢复干预措施也可能刺激繁殖体库中不良物种作出反应，这通常需要后续多次干预才能实现生态恢复目标。

2.5 原则 5：生态系统恢复需要明确的目标和可测量的指标进行评估

在生态恢复项目的规划阶段，需要确定项目的范围、愿景、总体目标和具体目标，同时还需要衡量项目进展的具体指标。生态恢复项目的生态和社会属性也需要考虑（见专栏 5）。另外，采用适应性管理的方法（见专栏 6）和指标可以监测恢复的进展。如果要进行有效的监测，就必须分配足够的生态恢复监测资源。

专栏5　生态项目规划过程中常用术语的层次结构*

范围：指的是项目关注的地理区域或重点主题。

愿景：指的是试图通过生态恢复项目达到的理想状态的总体概括。一个好的愿景是具有共识的、有远见的（鼓舞人心的）和简明扼要的。

生态恢复的目标：由参考模型所确定的需要恢复的原生生态系统，并且确定生态恢复项目预期的社会效益和限制因素。

最终目标：是对所期望的中长期生态状况或社会状况的正式表述，包括所寻求的生态恢复水平。最终目标必须清晰地与具体目标联系起来，而且这些具体目标必须是明确的、可衡量的和有时间限制的。

具体目标：是对生态恢复过程中的中间结果的正式说明。具体目标必须与最终目标明确结合起来，具体目标必须是明确的、可衡量的和有时间限制。

指标：指的是具体的和可量化的衡量标准，这些标准与长期目标和短期目标直接关联。生态指标是以参考模型为指导，衡量生态属性在物理（如浊度）、化学（如营养成分）或生物（如物种丰度）方面的变化。社会生态或文化指标衡量人类福祉的变化，如参与传统习俗、治理、语言和教育。

*此处使用的术语，是基于《保护实践的开放标准》(Conservation Measures Partnership, 2013) 的术语，并经过一些调整。

专栏 6　监测和适应性管理

监测生态恢复项目对于以下每个目标都至关重要：

给社会创造学习机会。参与式生态监测使利益相关方参与收集和分析从生态恢复活动中收集的数据。这种合作伙伴关系可以改善协作机制，并加强利益相关方的能力和赋权。成功的参与式生态监测系统需及时解决利益相关方的问题和需求。生态监测方法是集体商定的结果，这些方法易于使用，并鼓励社会学习，同时建立学习网络。参与式监测从利益相关方获取信息来源，并从可靠的评估方法，而不是从传统的科学方法中获得信息。因此，参与式生态监测往往更容易成功。

回答具体的问题。生态恢复监测可用于回答具体的问题，以提高我们对生态恢复的理解，并确保做出明智的恢复决策。对于回答具体的问题而言，数据的收集和有效的试验设计都很重要。一种方法是将恢复场地与预先选择的参考场地进行比较。另一种方法是在生态恢复治理前后，同时对参考场地和恢复场地进行生态监测（"前期监测–后期监测–控制–影响"或 BACI 试验设计）。该试验设计可以确定生态恢复治理是否有效，或者生态恢复治理是否产生影响（因果关系）。当在合理的试验设计下，这种正式的生态恢复监测可以解决最新生态恢复治理、生物体回归或数据收集过程中相关的问题。除此之外，还需要严格记录特定的生态恢复治理情况和可能影响恢复结果的其他条件。在这种情况下，标准做法是让研究的发起者在科学家、实践者和当地社区之间建立合作伙伴关系，以确保项目获得合适的科学和实践建议与帮助，以提高其成功概率和相关性。

应用适应性管理。这种"边干边学"的形式是一种改进生态修复实践的系统方法。适应性管理不属于"试错"方法。对适应性管理进行合理的应用，可以通过以下方式提高对生态恢复的理解：①探索实现生态恢复目标的替代方法；②根据当前的知识状况预测替代方案的结果；③实施一种或多种替代方案；④通过监测了解生态恢复行动的影响；⑤利用以上信息更新知识和调整生态恢复实践。适应性管理可以而且应该成为实施任何生态恢复项目的标准方法。全面实施适应性管理方法需要及时监测和并评估生态恢复的效果，为正在进行的生态恢复项目提供经费。

确定生态恢复措施是否有效或是否需要调整的一个必要过程是对生态恢复站点进行定期检查，并记录物种反应的观察结果（如生长速度、开花、再生，以及是否有杂草、害虫和疾病）。生物多样性的正规抽样需要涉及一系列土壤、水、植被和动物的取样技术。生态监测方案的设计应在恢复项目的规划阶段进行，以确保项目的最终目标、具体目标和选定的指标是可以衡量的，同时，确保监测布局和时间进度安排是一致的，如果目标未能实现，需确保有明确的行动触发机制以便做出应对。在需要和适当的时候，可以设计正式的生态恢复实验，观察样本大小、实验的可重复性，使用未处理的对照实验来解释结果。

向利益相关方提供证据。时间序列影像为利益相关方和监管者提供恢复目标得到满足的可视化证据（即在相同的位置，获取生态恢复治理前后的拍摄图像，以显示生态恢复随时间的变化）。在小型的生态恢复场地，可以在地面上建立固定的摄影点，而对于较大的生态恢复场地，遥感图像可能更有效。此类图像可以显示生态恢复过程中发生的变化，因此资金充足的项目（特别是受监管控制的项目）通常需要对生态恢复场地进行正式的定量监测。定量监测建立在生态恢复监测计划基础上，计划内容还包括抽样设计、时间表、具体的数据收集方法、责任人、计划分析以及与监管机构、资助机构或其他利益相关方的沟通。

生态目标、最终目标和具体目标将根据场地评估或基准库存而确定。该评估需描述退化场地状态，识别参考模型（见原则3），并报告近似参考条件的恢复程度。基准库存描述了该生态恢复场地当前的生物和非生物元素，包括其成分、结构和功能属性，以及外部威胁。清查过程是了解生态退化场地理想的和可行的恢复目标、最终目标、具体目标和指标等的关键初始步骤。清单被用来检测场地相对于基准条件的长期变化。

对生态恢复进展的评估应包括参考生态系统六个主要生态属性的每一个指标（见专栏7）。项目的生态恢复目标应明确每个属性所寻求的恢复程度，并在生态恢复项目启动前使用具体的和可测量的指标来评估恢复场地条件。项目实施后也要监测相同的指标，以评估所采用的干预措施是否符合项目的生态恢复目标。为了进行有效的评估，每个生态恢复目标必须明确以下内容：①需要测量的指标（如本地植物的冠层覆盖）；②期望的结果（如增加、减少、维持）；③产生影响的大小（如增加40%）；④时限（如5年）。对于可能实现完全恢复的项目，生态恢复目标将与参考模型保持一致。但是，对于旨在进行部分恢复的项目，生态恢复目标和参考模型将不完全一致。例如，生态恢复目标可能缺少某些物种或包括了外来物种，或者为满足社会目标而做了适当修改。

专栏7　包括生态和社会目标的假想规划案例*

范围：两片5hm²的加里橡树林地，由加拿大不列颠哥伦比亚省南部海湾群岛的开阔草地和湖泊连接。

现状：放牧和破碎化导致林地遗迹中林地鸟类的多样性下降，并改变了两片加里橡树林地的植被组成结构。这两片林地由过度放牧的草地连接，含有30%的原生植物和50%的非原生草本和木本植物物种，剩下的20%是裸露的草地。湖中的大肠杆菌含量很高，来自放牧土壤中的渗滤液。雨后浮水植物增加，有时会导致鱼类死亡。

愿景：恢复并让岛屿居民能够享有健康生态系统，恢复社会凝聚力和可持续的生态系统管理。

生态目标：修复后的加里橡树林地（树木繁茂）和草地（半开放）种上了成熟的橡树，树下面铺满了春天的野花。当地的土著社区清除了灌木丛，种植了克美莲（camas）。这种蓝色野花的球茎是一种重要的食物来源。开阔的水域是虹鳟鱼（rainbow trout）、小嘴鲈鱼（small mouth bass）和南瓜籽太阳鱼（pumpkin-seed sunfish）的栖息地。湿地是从湖泊到河岸的过渡。水獭（river otters）在黄色的睡莲中游弋，红翅黑鸟（red-winged blackbirds）在香蒲上小憩。

最终目标（生态的和社会的）：

1）在5年内，将水道中的活性沉降物和大肠杆菌数量减少到卫生部门规定的标准。

2）减少水体富营养化，5年内实现成年湖鳟（lake trout）单位捕捞努力量渔获量超过20次。

3）5年内，周边地区志愿者占生态恢复管理项目总志愿者的80%。

4）生态恢复项目开始之前，两种鸟类消失了10年，要在10年内让这两种鸟类返回生态恢复场地开始繁衍。

5）恢复社区的社会凝聚力，10年之内要与基准水平相比改善50%。

6）15年内，加里橡树林地的本地植物种类超过参考点的80%。

7）15年内，加里橡树林地的草本基质恢复到参考模型原生植物物种特征的80%。

通过具体指标衡量具体目标（生态的和社会的）：

1）1年内停止放牧。

2）非本地植物的丰度2年内减少到25%以下。

3）2 年内，至少有 25 名志愿者加入生态管理计划，其中周边志愿者占总会员人数的 50% 以上。

4）5 年内，两个或两个以上的本地木本物种在两片林地残留物中的增长率增加 10%。

5）3 年内，本地木本植物中，乔木和灌木的密度至少均增加到 100 株/hm² 和 100 株/hm²。

6）5 年内，草地内的本地物种丰富度至少增加到草类植物 6 种/10 m² 和非禾本草本植物 10 种/10 m²。

7）5 年内，当地学生的实地考察量增加 50%。

*请注意，这些数字都是假设的，而不是用于指导实际项目的指标。

社会目标在各个生态恢复项目之间差异很大，并且这些社会目标来自各种社会因素（见原则 1）。在与利益相关方进行有意义的磋商之后，应在生态恢复项目计划阶段确定社会目标，包括描述生态和社会成本与效益之间权衡取舍的基本原理。另外，项目报告可以识别并强调生态恢复项目对于社会和生态系统的益处。

2.6 原则 6：生态恢复追求可实现的最高恢复水平

生态恢复项目的目标是实现最高和最好水平的恢复。生态恢复——无论是全部还是部分——都需要一定时间并且这个过程可能很缓慢。因此，管理者应通过健全的监测途径，采取可持续改进的政策措施。这样的政策可以让管理者不断提升和确立生态恢复目标，以推动初步的生态恢复，实现生态恢复项目所追求的最终目标：达到"最高和最好"恢复水平。使用生态恢复轮和五星评级系统可以记录生态恢复进度。

生态恢复轮和五星评级系统。五星系统（表 2-3 和表 2-4）和生态恢复轮

（图2-4）是帮助管理者、实践者和监管机构沟通期望恢复水平的工具，同时，相对于参考模型而言，五星系统和生态恢复轮还可以逐步评估与跟踪原生生态系统随时间的恢复程度。这些工具还提供了一种报告相对于参考模型的基准条件的变化的途径。

表2-3 1~5星级恢复水平的通用标准汇总。每个级别都是累积的。由于对生态恢复治理和项目目标的反应速度不同，不同的属性可能有不同的排名。表2-4给出了六个关键生态属性的更详细通用标准。该系统适用于使用参考生态系统的任何恢复级别

星级	恢复结果总结
★	正在持续恶化。基质得到恢复（物理和化学的）。存在一些原生生物群；未来的新生态位不会受生物或者非生物条件而影响。所有规划属性将来能得到进一步提升，项目地区的管理也能得到保障
★★	来自邻近地区的威胁开始得到控制或减轻。恢复地区有一小部分特有的本地物种，而且不太受现场有害物种的威胁。改善了与相邻环境的连通性
★★★	相邻威胁得到控制或减轻，恢复地区的有害物种的威胁非常低。出现了中等规模的本地生物群，并且生态系统功能开始复苏。地区之间的连通性明显提高
★★★★	有大量特征生物群出现（代表所有物种群体），为发展群落结构和生态系统的演变提供证据。改善了地区之间的连通性，周边的威胁得到管理或减轻
★★★★★	在不需要进一步人工干涉的情况下，群落结构可发展到与参考生态系统非常类似的水平。随着跨区域交换的开始以及合适的干扰机制的回归，环境逐步拥有高弹性。同时长期的管理工作也已安排好

表 2-4 1~5 星恢复表是在六个关键生态属性的背景下进行解释的，这六个关键生态属性主要用于衡量生态恢复的进展。这个 5 星级标度表示与参考生态系统相似度由低到高的累积梯度。作为一个通用框架，使用者必须基于特定的生态系统和子属性来制定指标与监测标准

属性	★	★★	★★★	★★★★	★★★★★
威胁因素	不再进一步恶化，目标恢复地区的稳定和管理得到保障	来自邻近的威胁开始得到控制或缓解	所有邻近的威胁得到管理或低程度的减轻	所有邻近的威胁得到管理或适度的减轻	所有邻近的威胁得到管理或高程度的减轻
物理条件	严重的物理和化学问题得到治理（如污染、侵蚀、物理压实）	基质的化学和物理性质（如 pH、盐度）逐步稳定到正常范围内	基质属性稳定在正常范围内，支持特征生物群的生长	基质属性能维持适合特征物种持续增长和更新的条件	基质表现出与参考生态系统高度相似的物理和化学特性，它们可以无限期地供养物种群和保持各项过程
物种组成	对本地物种（如占参考生态系统物种的比例约为 2%）进行定殖。对再生生态位及未来延续没有威胁	努力实现基因的多样性和部分本地物种的出现（如占参考生态系统物种的比例约为 10%）。来自外来入侵或有害物种的本地威胁程度低	相当一部分的地区有关键的本地物种（如占参考生态系统物种的比例约为 25%）。来自有害物种的本地威胁非常低	出现大量的特征生物群（约占参考生态系统的 60%），种群多样性很高。来自非本地有害物种的威胁较低	特征物种（如占参考生态系统物种的比例在 80% 以上）多样性高，与参考生态系统具有高度相似性；随着时间的推移，更多物种的定殖潜力增加
结构多样性	与参考生态系统相比，存在一个或更少的结构分层，没有相应的空间格局或复杂的营养结构	与参考生态系统相比，存在较多的结构分层，空间格局和营养结构复杂性低	与参考生态系统相比，存在更多的结构分层，有一些空间格局和营养结构复杂性	与参考生态系统相比，具有所有结构分层，空间格局明显，营养结构复杂性大	具有所有结构分层，空间格局和营养复杂性高，有更高水平的空间结构复杂性将会呈现出和参考生态系统相似的自组织能力

续表

属性	★	★★	★★★	★★★★	★★★★★
生态系统功能	基质和水文条件仅仅处于基础阶段,有能够发展类似于参考系统的功能的潜力	基质和水文条件显示出更广泛的功能,包括养分循环和为其他物种提供栖息地和资源的潜力	功能复苏的迹象,如养分循环、水过滤以及为一系列物种提供栖息地和资源	大量证据表明,关键功能和过程恢复,包括本地物种的繁殖、分散和增补	大量的证据表明,在恢复适当的干扰之后,功能和过程正朝着参考系统的方向发展
外部交流	确定与周边陆生或水生环境(如物种、基因、水、火)交流的潜力	通过与利益相关方的合作和现场的配置来加强联系,以加强积极(消除负面的)交流	恢复地区和外部环境之间的连通性增加、交换开始变得显著(如更多物种、流量等)	与其他自然区域建立高度连通性,有效控制了有害生物物种和不良干扰	证据表明外部交流与参考生态系统高度相似,长期综合管理考虑了恢复场地与更大范围景观的协调

重要的是,五星系统侧重于生态测量,而不是社会测量;它不是用来评估生态恢复项目进展与其社会目标的工具(见原则1)。相反,鼓励管理者使用五星系统和生态恢复轮来说明他们的项目与六个关键属性相关的明确目标、最终目标,并提供监测框架。这样做的目的是达到更高的生态恢复目标,并体现生态恢复效果随着时间的进展。即使最初不可能实现完全恢复,或者目标不是实现完全生态恢复。

解释五星系统的注意事项。针对常见问题做出以下回应:

1)自McDonald等(2016a)描述五星系统以来,五星系统和生态恢复轮已越来越多地被实践者和科学家接受采用,并应用在不同的生态系统(如英国的河流、墨西哥的珊瑚礁、澳大利亚的森林和林地)。

2)使用五星系统评估必须针对具体的生态恢复场地和规模。虽然五星系统是为场地尺度的生态恢复实施而设计的,但是该系统可以单独评估生态恢复项目,并汇总来自多个生态恢复场地的数据以显示大型生态恢复项目的生态恢复程度(平均值、最小值、最大值)。

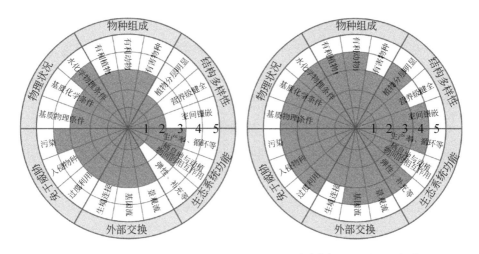

(a) 生态恢复之前的基准条件　　　　　(b) 生态恢复治理10年之后的状况

图 2-4　与参考模型相比，生态恢复轮是反映生态属性恢复过程的工具。在本例中，第一个生态恢复轮表示在项目的基准库存阶段评估的每个属性的情况。第二个生态恢复轮描绘了一个有 10 年历史的生态恢复项目，其中超过一半的属性已经达到了四星状态。熟悉项目总体目标、具体目标、特定恢复场地指标和生态恢复水平的生态恢复实践者，可以在正式或非正式评估之后，继续为每个子属性进行细分。附录 2 中的图表及其附带的空白模板表格，可以添加或修改子属性标签，以最好地描述特定的项目

3）表 2-3 和表 2-4 中描述的指标是通用的，管理者应更具体地解释这些指标，以适应其特定的生态系统或项目，无论是陆地生态系统还是水生生态系统。

4）五星系统提供了一个解释定量或定性监测结果的框架。利用生态监测系统和统计方法，可以很容易量化星级，如使用响应比（恢复场地变量平均值与参考模型平均值之比），科学家和实践者通常使用它来测量恢复结果。无论采用的是定性方法还是定量方法，都必须明确规定监测的详细程度和正式程度，这意味着生态恢复轮或评估表不应该在没有引用其所依据的监测数据的情况下，用作生态恢复进展的证据。

5）每个生态恢复项目不一定要从零或一星等级开始。这是因为等级与参考模型的相似性（或差异性）有关，并且用与等级属性相关的指标来衡量。拥有生物残留群和未改变基质的场地将从较高的等级开始，而具有受损基质

或缺失生物群的场地将从较低的等级开始。无论生态恢复项目的切入点是什么，目标都是帮助生态系统沿着生态恢复轨迹前进，从低的等级逐步实现五星级级别的恢复状态。零星等级的评分需要记录在书面报告中，或在电子表格中用零表示，并在生态恢复轮中用空单元格表示。

6）通过添加其他颜色或图案，或创建连续的生态恢复轮，使用者可以在生态恢复轮中显示基准条件、预期的最终状态和在生态恢复过程中不同时间点的状态。

7）五星系统不是用来评估从业人员的个人业绩或生态恢复项目的价值。由于生态恢复场地的限制，一些生态恢复项目可能永远无法达到五星水平。

2.7 原则7：大规模的生态恢复会产生累积价值

虽然每个生态恢复项目无论大小如何都可以产生有益的结果，但许多生态过程在景观、流域和区域尺度上才会起作用（如基因流、定殖、捕食、生态干扰）。较大规模的生态退化可能会使小规模的生态恢复工作功亏一篑。例如，具有较高栖息地要求或需要较高营养复杂性的物种可能无法适应小规模的生态恢复项目。为了应对气候变化，迫切需要通过更广泛的、更多的植物和动物生物量（包括土壤中的生物量）以大幅度提高碳封存率。同样，通过在景观规模上将陆地生态系统和水生生态系统联系起来，可以有效地实现水安全（如在水质、水量和流量方面）。因此，一些生态恢复项目必须在大规模的尺度（如数百或数千公顷）上进行，以提供所需的环境效益和生态效益。此外，作为综合景观规划工作的一部分，规划和确定场地活动的优先次序是有必要的（见4.4节）。景观尺度上的规划有助于避免将生态恢复场地（如农业或林业）搬迁到其他地区而导致进一步退化。规划较大规模的生态恢复项目必须确保生态恢复朝着积极的方向变化。

挑战和潜在的解决方案。生态恢复范围的扩大可以带来一些规模经济，但也可能增加财政、机构和基础设施资源过度扩大的风险，特别是在生态系统对干预措施反应不可预测的情况下。社会挑战包括确定所有相关利益相关方及其所需的特定需求和利益，并在利益相关方之间达成协议，特别是在政治机构薄弱或土地所有者之间存在严重的经济和权力不平等的情况下。需要建立一种处理分歧的机制，如参与式土地使用规划。对于尺度和时间敏感的问题，通常在进行实际推广应用之前需要对生态治理进行小规模的测试。某些情况下，长时期大规模的生态恢复活动（如控制物种入侵或控制非点源污染），可能比在小规模、短时间内的恢复活动获得更多成果。生态恢复项目的尺度增加可能是一种优势，然而，这只在尺度增加同时带来本地物种丰度增加、害虫物种丰度减少、碳封存增加等效益的情况下才是一种优势。因此，为了避免低估可能具有高度生态重要性的小型项目，对尺度的评价应仅在其他价值也同时提升情况下才能开展。在预测一个项目是否可能在更大的尺度上产生影响时，应考虑项目的一系列背景特征（即生态系统恢复之外的共同利益）（表 2-5）。此外，可以通过增加有益的连通性（如野生动物走廊）来增强其在更大尺度的功能，包括与正在进行恢复性干预的相邻场地的联系（见原则 8，4.3 节）。需要注意的是，累积价值只能在长期内实现，这意味着最初投资于生态恢复的人可能不会直接受益。

表 2-5   有助于改善生态系统恢复潜力的项目特征，特别是在生态恢复规模水平上。为了取得
       最佳成功，该项目必须以健全的生态信息为基础，并充分融入当地文化和机构

特性	例子
战略位置和时效性	生态恢复项目需要采用适当的策略，充分利用稀缺资源和已知的杠杆点信息开展有效的生态恢复。项目要优先考虑：①更紧迫的目标或加速实现其他目标；②具有更大恢复潜力的地区
降低物种灭绝的风险	当项目有助于恢复受威胁的种群、物种或生态系统时，项目的价值会增加。这项工作以许多国家的正式清单为指导，这些清单通常与 IUCN 的红色清单相联系或一致
威胁普遍存在	解决大规模或普遍威胁的项目可能会影响项目恢复场地以外的区域。例如，实现大量碳封存，减少水域污染或控制有害动植物，可改善当地恢复效果，并有助于改善其他地方的效果

特性	例子
安全制度保障	大型项目需要长期的安全保障，以确保投资的资源带来的效益将随着时间的推移而持续。通过合法的土地使用权安排对场地进行正式保护是理想的，确保了场地的主要公共和私人利益相关机构在地方、区域或国家等层面做出长期的政治和经济承诺

扩大生态恢复规模的一个机制是确保将项目战略性地整合到更大的生态恢复项目中，这些大型生态恢复项目包含多个子项目，不仅包括生态恢复，还包括在不同景观单元中开展的其他恢复性活动，且合作伙伴也会随时间而变。这可能包括许多在功能和物理上彼此连接的生态修复项目场地。大规模的生态恢复计划通常由政府机构、非营利组织、植物园和其他盟友组成的联盟进行协调，并涉及大型的、复杂的规划过程。例如，美国佛罗里达州的综合大沼泽地恢复计划（Comprehensive Everglades Restoration Plan，CERP）和巴西的大西洋森林恢复条约（Atlantic Forest Restoration Pact），就是由政府机构、私营部门、非政府组织和研究机构组成的联盟。非常大的修复场地和修复项目可能会在选择修复目标及构建参考模型方面面临挑战，因为它们具有一定的复杂性（尽管像 LiDAR 这样的新工具可能有助于克服这些挑战）并且缺乏可对比的参考场地（见 4.1 节）。

2.8　原则 8：生态恢复是恢复性活动的一部分

随着全球生态系统的持续退化，许多国家和地方正在采取旨在保护生物多样性、恢复生态完整性和弹性、改善生态系统服务质量和数量以及改变社会与自然互动方式的政策和措施。生态恢复只是一系列恢复性活动中的一种，它可以被视为一个连续体，恢复性连续体的概念（图 2-5）确保了修复世界范围内生态系统的整体方法。恢复性活动是指直接或间接支持或实现已经丧失或退化的生态属性的活动。恢复性连续体为理解不同活动之间的相互关联提供了背景，同时还有助于确定最适合特定环境的恢复实践。连续体包括四大类恢复性实践活动：①减少社会影响，即各个部门以低破坏性的方式消费和利用生态系统服务，从而降低社会影响（见专栏8）。②整治，如污染场地的整治。③修复，如陆地和水生区域的修复，包括用于生产或人类居住的区域（见专栏9）。④生态恢复。减少社会影响、整治和复原实践在一定程度上都具有恢复性，可减少退化的因素和持续影响，增强生态系统恢复潜力，并促进向可持续性发展过渡。因此，它们也被视为生态恢复的联合行动。一些生态恢复项目或规划通常涵盖一个以上的类别，特别是那些在更大的框架内进行的项目，如基于自然的解决方案（包括绿色基础设施）和森林景观恢复。这些框架通常包含一个或多个联合活动以及生态恢复项目。如果这些框架要被视为具有修复性，那么这些框架必须对环境条件产生净积极影响。不能改善当前环境条件或可能会造成危害的活动（如在本地草地造林以进行碳封存，非本地物种的单一栽培导致生物多样性净损失）不具备恢复性。

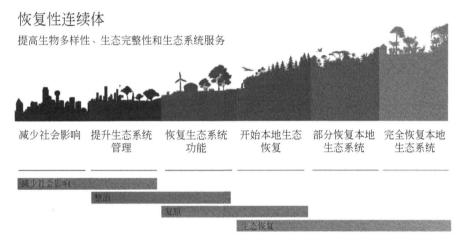

图2-5 恢复性连续体包括一系列活动和干预措施，有助于改善环境条件，扭转生态系统退化和景观破碎化。恢复性连续体突出了这些不同活动之间的相互联系，并强调了拟采取恢复行动的地区的具体情况决定了其需要采用的干预措施。恢复性连续体从左至右，生态健康和生物多样性结果以及生态系统服务质量和数量都在增加。请注意，生态恢复可以发生在城市、农业和工业景观中

专栏8 减少社会影响

在全球环境退化的背景下，迫切需要找到办法减少社会对生态系统产品的开采、生产、销售、消费和处置方式所产生的不利环境影响。在生产方面，世界上许多区域日益加强的监管使得农业、林业、渔业和采矿方法更加符合生态要求。这些活动有可能减少污染及其负面影响，这些影响包括生态系统的碎片化、原生生态系统的减少、过度捕捞，以及入侵物种的传播。在消费方面，在监管和不断增长的社会期望的双重作用下，不断有改变生产实践和社会行为的案例产生，特别是在城市地区，这些地区生活着世界上一半以上的人口，而且人均消费速度越来越快。尽管有些时候解决方案可能会避实就虚，夸大其社会产出和环境友好性，但还是要将真正旨在减缓人类影响（进而提高生态系统恢复潜力）的措施视为生态恢复相关联的活动，并且成为生态恢复连续体的一部分。

专栏9 修复

修复是生态恢复活动的一个通用术语，旨在恢复生态系统的功能，而不是恢复指定的原生参考生态系统的生物多样性和完整性。修复活动非常适合大范围土地和水资源管理部门，在这些部门中，由于相互竞争和合理的人类需要，不可能也不能大量恢复当地物种。当修复被用于开采土地或后工业用地时，有时被称为复垦。利用五星系统和生态恢复轮可以跟踪许多修复项目的生态恢复进展情况，在这两种系统中可以显示一个或多个生态属性的改善情况。在"持续改进"的概念下（见原则6），以生态条件改善为目的的修复项目在未来可以逐渐向生态恢复过渡。例如，如果用本地和非本地植物物种以及本地微生物的混合物对退化的牧场或矿区后的植被进行修复，从而改善土壤功能，则可以制定生态恢复计划，包括利用本地物种取代非本地物种，还包括采取其他措施帮助系统恢复到未发生退化的状态。在某些土壤已经被非本地物种入侵的情况下，可以添加（或帮助自发恢复）本地物种，并且去除非本地物种以最终帮助恢复原生生态系统。

生态恢复及其联合行动可以被视为广泛的可持续性模式中的一个综合整体，而不是孤立的或相互竞争的活动。这些标准所传达的生态恢复的概念框架和最佳实践可以启发和指导许多可以用来改善环境整体健康与环境恢复力的行动。

借助这种连续体将管理行动概念化（同时了解参考生态恢复原则和标准）可以帮助政府、行业和社区实现净收益增加，这将在更大尺度上加速良性循环（见原则7）。表2-6列出了在一系列行业、政府和社区部门或环境中开展恢复性活动的绩效指标建议。无论在哪个部门或场所中，采取持续改进的做法，并在可行和适当的情况下实施生态恢复都是有益的。在生态恢复不合适或不可行的地方，恢复性工作应以尽可能高的恢复水平为目标。与生态恢复一样，小尺度和持续的改进可以在较大尺度上累积并服务于联合行动。

表2-6　各行业、政府和社区部门或修复场所的恢复性活动的绩效衡量标准示例

部门或场所	恢复活动和推荐的绩效标准
保护区	• 具有完全恢复潜力的自然生态系统：生态恢复到五星级水平 • 有可能仅部分恢复的原生生态系统：生态恢复到理想的四星级水平，但至少达到三星级水平 • 单一物种恢复项目或活动是大型项目的重要组成部分，应追求最高标准

部门或场所	恢复活动和推荐的绩效标准
城市保护区和绿地	• 具有某些属性完全恢复潜力的原生生态系统：尽可能将生态恢复到五星级水平，或至少恢复到四星级水平 • 原生生态系统或与原生生态系统相邻的区域，可能仅部分恢复：生态恢复到最高理想水平，但生物属性最低为三星级水平 • 改造后的公园和花园：恢复到生态系统功能属性的最低二星级水平，或至少可持续利用，对原生生态系统没有有害影响，并且如果可能的话，为原生生态系统提供额外的生态效益
森林	• 用于生物多样性保护的本地森林恢复：生态恢复到五星级水平 • 本地林业：生态恢复到 4～5 星级水平（在伐木周期之间） • 在与原生生态系统相邻地区重新造林：生态恢复到可行的最高理想水平，但至少是三星级水平 • 主要为生态系统服务重新造林：生态系统功能属性恢复到最低 2～3 星级水平，或至少可持续利用（在伐木周期之间），对原生生态系统没有有害影响，最好增加生态效益
渔业	• 具有完全恢复潜力的原生生态系统：生态恢复到五星级水平 • 有可能仅部分恢复的原生生态系统：生态恢复到最高理想水平，但至少达到三星级水平 • 邻近原生生态系统的活动：生态系统功能属性恢复到最低二星级水平，或至少可持续利用，对邻近自然生态系统没有有害影响，最好增加生态效益
生态走廊	• 具有完全恢复潜力的原生生态系统：生态恢复到五星级水平 • 原生生态系统或与原生生态系统相邻的区域，只有部分恢复的可能性：生态恢复到可行的最高理想水平，但生物属性至少达到三星级水平 • 在生态走廊（非原生生态系统）内：恢复到生态系统功能属性的最低二星级水平，或至少可持续利用而没有有害影响，最好为原生生态系统增加生态效益

续表

部门或场所	恢复活动和推荐的绩效标准
农业和生产园艺	• 具有完全恢复潜力的原生生态系统：理想的生态恢复到五星级水平 • 恢复与原生生态系统相邻的农业生产力/生态农业：生态恢复到可行的最高理想水平，但至少是三星级水平 • 具有部分恢复潜力的原生生态系统：生态恢复到可行的最高理想水平，但生物属性至少为 2~3 星级水平 • 恢复生态系统服务的农业能力：将生态系统功能属性或至少可持续利用的最低二星级水平恢复至对原生生态系统没有有害影响，最好具有增加的生态效益
采矿、采石和油气钻探场地	• 当完好或接近完好的原生生态系统受到影响时（原生生态系统有可能完全恢复）：生态恢复到五星级水平 • 当退化的原生生态系统受到影响时（原生生态系统只能部分恢复）：生态恢复到可行的最高理想水平，即三星水平或更高级别 • 已经发生改变（重新分配）的景观单元受到影响时，这些景观单元具有较低的恢复潜力：恢复至 1~2 星级水平的生态系统功能属性或至少达到可持续利用的要求，对原生生态系统没有任何有害影响，最好具有额外的生态效益

注：星级分数是指原则 5 中描述的五星系统。除非另有说明，否则本表中的星级分数假定为六个属性分数的平均值

第3章 | 规划和实施生态恢复项目的实践标准

本章列出了四种情况下的具体标准实践：①规划与设计；②实施；③监测和评估；④项目实施后的维护，特别是在专业人员或承包商参与的情况下。这些实践标准完全纳入 SER 的道德准则（SER，2013）。它们适用于任何规模、复杂程度、退化程度、监管状态和资金预算的项目，但并非所有项目都必须采取所有步骤。项目的顺序不必要完全按照标准中描述的步骤进行。例如，实践标准包括实施后的监测，因为大部分监测工作可能在生态恢复治理后发生；但是，对于生态监测至关重要的活动必须在生态恢复项目启动之前开始，因为需要设计监测计划，制定预算并获得资金，并在实施生态恢复之前处理数据。

3.1 规划与设计

3.1.1 利益相关方参与

在生态恢复项目的初始规划阶段，最好与所有主要利益相关方（包括土地或水资源所有者或管理者、企业、当地社区和当地利益相关方）进行有意义的、互惠互利的互动，并在整个项目生命周期内持续进行。理想的参与方式包括培训当地人员，以提供有效的、长期的监测服务，并通过合作产生和传播知识。关键步骤是：

1）将利益相关方参与的制度纳入整个项目生命周期中。在可能的情况下，实施参与式规划和恢复计划协同设计，包括当地社区能力建设和培训

（见参考资料"生态保护实践的开放标准"）。

2）进行尽职调查，以确保在整个恢复过程中理解并尊重利益相关方的权力，包括土地使用权。

3.1.2 背景评估

生态恢复计划的制定和利益相关方的参与主要根据当地或区域保护目标、可持续发展目标、优先事项以及空间规划来确定。除此之外，还需要：

1）包括与周围景观或水生环境有关的项目图表或地图。

2）找到改善恢复场地栖息地连通的有效方法，并增加与其他原生生态系统的积极的生态交流，以优化景观层面的流动和过程，包括场地之间的定殖和基因流动。

3）制定相应策略，确保未来管理的连续性，使生态恢复项目整合到周边原生生态系统和生产性景观的管理中。

3.1.3 评估土地使用期限的安全性，安排后期生态治理维护

在投资生态恢复项目之前，需要提供证据来说明该场地长期保护管理的潜力。因此，生态恢复计划应该：

1）确定恢复土地使用期限的安全性，以实现长期恢复，并允许适当的持续监督和管理。

2）制定项目完成后的场地维护计划，以确保生态恢复场地不会退化到之前状态。

3.1.4 基准库存

基准库存记录了退化的原因、强度和程度，并描述了在六种生态属性情形下退化对生物群落和物理环境的影响。因此，生态恢复计划应该包括以下

内容：

1）确定生态恢复场地持续存在的本地、野生和非本地物种，特别是受威胁的物种、群落和入侵物种。

2）记录当前非生物条件的状态（通过图片和其他途径），包括相对于以往或变化条件下的溪流、水体、陆地表面、土壤、水柱或任何其他物质元素的大小、组成、物理和化学条件。

3）监测导致场地退化的驱动因素和威胁的类型及程度，以及消除、缓解或适应这些驱动因素和威胁的方法（威胁的分类方法，请参阅"威胁分类的开放标准"）。这些评估包括：

- 生态恢复场地内外的历史的、当前的和预期的影响（如过度利用、沉积、碎片化、有害动植物、水文影响、污染、干扰状态的改变），以及管理、消除或适应这些影响的方法。
- 描述因破碎化而导致无法生存的种群是否需要增加物种的遗传多样性（见4.3节）。
- 气候变化（如温度、降雨量、海平面、海洋酸度）对物种生存能力及基因型的当前和预期影响。

4）确定生物群在场地内外的相对容量，以便在有或没有人工协助的情况下开展生态恢复。包括以下内容的调查：

- 假设的缺失的本地或非本地物种列表以及可能作为繁殖体存在或出现在定殖距离内的物种列表。
- 不同状况的区域图，包括演替阶段图、优先恢复区域图和任何需要不同修复措施的空间区域图。

3.1.5　原生参考生态系统和参考模型

生态恢复计划确定了原生参考生态系统和一个适当的参考模型（见原则3，4.1节），该参考模型是基于六个关键生态属性的指标（表2-2和图2-4）并选择一个或多个适当的参考地点建立起来的。在某些情况下，可以从以往的评估或模型或环境机构指南中获得对完好生态系统的描述。具体计划如下：

1）记录基质特征（生物的或非生物的、水生的或陆生的）。

2）列出主要特征物种（代表所有植物的生长型、小型和大型动物的功能群，包括先锋物种和濒危物种）。

3）确定生态系统的功能属性，包括营养循环、特征扰动和流动机制、演替路径、动植物相互作用、生态系统交换以及组成物种对扰动的响应关系。

4）关注需要在一个地点使用多个参考生态系统的生态镶嵌体。

5）在现存生态系统受到干扰之后，再进行生态恢复的情况下，必须在现场扰动之前详细绘制现有的完好生态系统。

6）评估重点生物群的栖息地需求（包括动物群活动的最小范围、对退化压力和恢复治理的响应）。

3.1.6 愿景、目标、总体目标和具体目标

生态恢复计划需要明确的、可量化的总体目标和具体目标，以确定最合适的人工干预措施。这些目标需确保所有的项目参与者对生态恢复项目有共同的理解，并用于评价生态恢复项目是否成功（见生态恢复"监测"部分）。恢复计划必须明确说明以下内容：

1）生态恢复项目愿景和生态及社会目标，包括将要恢复场地和原生生态系统的描述。

2）生态和社会目标，包括寻求的生态恢复水平（即要实现的生态属性的条件或状态）。在完全恢复的情况下，这将与参考模型完全一致；在部分恢复的情况下，将包括在某种程度上偏离参考模型的元素。生态目标应尽可能量化参考生态属性的程度。社会目标必须是明确的和现实的，并考虑到该地区的时间期限和可获取的社会资本。

3）生态恢复目标，是为实现特定区域的目标所需的改变和要达到的直接结果。需要根据可测量的和可量化的指标表述目标，以确定项目是否在确定的时间内实现其目标。除具体的指标外，目标还应包括具体行动以及数量和

时间限制。

3.1.7 生态恢复治理方法

生态恢复计划包含每个不同恢复区域的明确的治理方法，描述将要进行生态恢复治理的内容、地点和参与者，以及它们的顺序或优先级。在缺乏知识或经验不足的情况下，需要进行适当的管理或有针对性的研究，以获得适当的生态恢复治理方法。如果存在不确定性，则应采用降低环境风险到最小的预防原则。生态恢复应该包括以下内容：

1）描述了消除、减轻或适应退化因子而采取的行动。

2）确定并说明具体的生态恢复方法，描述每个恢复区域的具体治理方法，并给出行动的优先次序。根据生态恢复场地的情况，识别以下内容。

- 对非生物成分的形状、构型、化学或其他物理条件的校正，使其能够恢复目标生物群和生态系统结构和功能。
- 利用有效的和适当的策略与技术，控制不良物种，保护理想的物种、栖息地和生态恢复场地。
- 采用生态方法促进再生或重新引入消失物种。
- 利用生态策略，在不能快速获取理想物种或遗传物种的情况下，利用生态策略来解决问题（如为下一季节留下重新补充引入物种的空隙）。
- 重新引入生物群时要选择合适的物种和基因来源，并采用适当引入的原则（见附录1）。

3.1.8 资源配置的潜力

在进行生态恢复计划之前，需要对项目的潜在资源和可能的风险进行分析。为查明实际限制条件和机会，需包括以下计划：

1）确定资金、劳动力（包括适当的技能水平）和其他资源，以便进行适当的生态治理（包括后续恢复治理和监测），直到生态恢复场地达到稳定状态。

2）进行全面的风险评估并确定项目的风险管理策略，特别是包括环境条件、融资或人力资源发生意外变化时的应急安排。

3）制定项目时间表和项目期限的依据（如使用进度计划表）。

4）确定如何在项目周期内保持对一系列项目目标的承诺，包括政治和财政支持。

5）获得许可和执照，并解决恢复场地和恢复项目的法律限制，包括土地使用权和所有权声明。

3.1.9 建立生态恢复项目审查程序

包括以下内容和时间安排：

1）根据要求，进行利益相关方和独立同行间的评审。

2）根据新知识、变化的环境条件和吸取的经验教训，对生态恢复计划进行审查。

3.2 实 施

生态恢复项目实施阶段可长可短，具体取决于恢复项目的情况。在实施阶段，恢复项目需要采用以下方式管理：

3.2.1 保护生态恢复场地免受破坏

生态恢复项目不对任何自然资源、陆上或水生区域的任何元素造成进一步或持续的损害，包括物理损坏（如清理、掩埋表土、践踏）、化学污染（如过度施肥、农药泄漏）或生物污染（如引入包括不良病原体在内的入侵物种）。

3.2.2 吸引合适的参与者参与生态恢复项目

生态恢复项目由技术熟练和经验丰富的工作人员进行负责任的、有效的解释和执行。项目尽可能邀请利益相关方和社区成员参与。在可能的情况下，生态恢复项目应尽量将可持续材料和工艺纳入生态恢复项目。

3.2.3 生态恢复需结合自然过程

所有的生态治理都需要顺应自然的过程，能够促进和保护自然恢复的潜力以帮助其恢复。初步生态治理包括基底和水文条件治理，有害动植物控制，特定恢复干预措施的应用以及生物重新引入，并根据需要进行二次生态治理。因为生态恢复期可能很长（如河岸植被的生长），所以应该计划和实施间歇性的生态治理，以减少不利影响（如营养物流入河流和沉积物流入河流）。还要为植物或动物种群提供适当的后期护理。

3.2.4 对生态恢复场地发生的变化作出响应

根据生态恢复监测结果，采用自适应管理，除了为适应意外的生态系统响应而作出的方向性改变外，还需要做些额外的工作。在某些情况下，可能需要额外的或新的研究来克服特定的生态恢复障碍。

3.2.5 符合规范

所有生态恢复项目都需完全遵守工作规章、健康条例和安全法规。适用于生态恢复项目的所有法律、法规和许可，包括与土壤、空气、水、海洋、遗产、物种和生态系统保护有关的法律、法规和许可必须到位。

3.2.6 与利益相关方沟通

所有生态恢复项目工作人员定期与主要利益相关方沟通（最好是通过利益相关方参与和公众科学活动相结合的方式来沟通计划），以使利益相关方能够对项目进展情况进行评估并积极参与到项目中。此外，沟通还应满足经费资助机构的要求。

3.3 监测、记录、评估和报告

生态恢复项目一般采用观察、记录和监测的范式进行，以确定一系列恢复项目是否有望实现目标，或需要调整。需定期对生态恢复项目进行评估，对生态恢复进展进行分析，并根据需要调整生态恢复治理策略（即采用适应性管理框架）。生态恢复项目，特别是恢复方法具有创新性或正被大规模应用的项目，能促进研究人员、当地生态恢复专家、从业人员和公众科学家之间的合作。在整个项目中重新评估监测需求，并相应地重新分配或追加资源，以满足监测要求。

3.3.1 监测设计

在生态恢复规划阶段就需要制定监测计划来评估生态恢复的成效（见专栏5和专栏6）。该监测计划包括通过生态监测解决的具体问题、收集基准数据进行抽样设计、监测实施、数据后处理、记录和归档收集数据、数据分析、沟通调整当前管理措施及与利益相关方交流学习经验。

1）在生态恢复项目开始时，需要确定监测的具体目标和可量化的总体目标。一旦确定了量化的指标，就可以收集基准数据并确定项目的时间节点，以衡量项目进度是否合理。此外，项目进程中的"触发点"是非常有帮助的，如果相关指标到达"触发点"，则可能需要采取纠正措施。

2)监测方法适合项目的目标。在可能的情况下,监测方法应尽可能易于使用,并通过参与生态恢复过程加以实施。当需要进行正式的定量抽样时,抽样设计必须包括足够大的样本量,以便进行统计分析和推断。在所有情况下,这些方法都应该足够详细,以便在未来几年内可重复使用。

3)生态恢复项目管理者应注意,生态监测对于确定目标是否能够实现以及是否提供学习机会至关重要。让利益相关方参与项目设计、数据收集与分析有助于改善协作决策、增强主人翁意识和参与感、激励利益相关方维持长期兴趣,并加强利益相关方的能力和权力。任何监测系统都必须具备内在的学习和适应机会。

3.3.2 保持记录

对项目数据进行充分的记录,其中包括记录与规划、实施、监测和报告相关的内容,为适应性管理提供信息,并为将来评估生态治理提供知识。所有的生态治理数据,包括恢复性活动的细节、工作次数和相关的费用,以及所有评估监测记录,都需保留以供将来参考。数据来源应包括供体和接收地点或种群的位置(最好是从全球定位系统获得的)和相关描述。记录的文档应包括对收集协议、获取日期、识别过程、收集者/传播者名称的引用。

1)应考虑将数据开放访问,或将结果添加到开放存取存储库,如 SER 的恢复资源中心(Restoration Resource Center)或类似的国家或国际数据库。

2)生态恢复项目管理者应使用安全存储方式来归档数据。应包括描述每个数据集内容的元数据。

3.3.3 评估结果

根据生态恢复项目目标评估进展情况,对工作成果进行评估。这需要使用如本书中介绍的五星系统、开放标准的审计工具或传统的生态评估方法等评估工具。

1）应充分评估监测结果。

2）评估结果为生态恢复的日常管理提供信息。

3.3.4 向各个利益相关方汇报结果

汇报涉及编写和传播进展报告，在报告中应详细为利益相关方和更广泛的利益团体说明评估结果（如在新闻通讯和期刊中），以传达可行的产出和成果。

1）报告应准确易懂地传达信息，并从受众的角度进行汇报。

2）报告应指明成功开展恢复评估所依据的生态恢复监测力度和细节。

3.4 项目实施后的维护

正在进行的维护。管理机构负责持续地开展维护工作，以防止不利的影响，并开展项目结束后的监测工作，以避免生态退化。在生态恢复项目开展之前，预算中需要考虑维护成本。应与合适的参考模型进行持续的比较，比较的内容包括：

- 定期监测生态恢复场地，检查生态退化是否会再次发生，以确保生态恢复的前期投入的有效性，与此同时，利益相关方最好也参与其中。

- 管理组织运作中的行动方案，根据需要与利益相关方开展合作。

- 继续就新的生态恢复项目进行沟通，以确保恢复项目和过去的项目投资得到重视，例如，①开展文化活动回顾项目历史并庆祝恢复成就。②加强经验学习，包括在其他地方开展类似生态恢复项目。

第4章 ｜ 引领性的生态恢复实践

4.1 构建生态恢复参考模型

生态恢复实践包括移除或限制生态退化因素，并协助生态系统尽可能恢复到未发生退化时的情景，同时也要考虑预期的变化。这需要一个模型来预测这种情况，即参考模型（见原则3）。该模型应考虑多个生态属性及其在目标生态系统内的变化，以及整体生态系统的复杂性和动态变化（即随时间的变化）。每一项考虑对于建立准确反映生态系统的恢复目标都很重要。在某些情况下，有必要确定多个参考模型，如对于具有非平衡动态的原生生态系统（Suding and Gross，2006）或发生不可逆变化的替代参考模型。在实践中，建立参考模型的过程和模型的可靠性将根据项目资源及相关生态信息的可用性而变化。对于某些原生生态系统（如北美洲西部的森林地区，LiDAR数据允许在景观尺度上创建参考模型）可以随时获得或收集信息（Wiggins et al.，2019），而对于其他参考地点数据可能是稀缺的（如智利的森林生态系统受到威胁，只剩下几片小森林）（Echeverria et al.，2006）。在大多数情况下，利益相关方和项目负责人将不得不使用专业判断来弥补现有信息和资源的缺失。在所有情况下，最佳可用信息应与可靠的调查工作相结合（Swetnam et al.，1999），以开发用于预测未退化生态系统状况的最佳模型。

参考模型的构建包含了一系列广泛的生态属性（见原则3），包括免于威胁、物种组成、群落结构、自然条件、生态系统功能和外部交换（见原则3）。一些生态属性可以进行直接评估，如群落结构（即植被层、营养水平和空间格局）和物种组成（即物种类型），而其他生态系统属性则更为复杂而且也很重要，如生态系统功能。生物体以复杂的方式与环境和其他生物相互作用，导致能量、营养物质、水和其他物质的流动，称为生态系统功能。除了支持生态完整性外，生态系统功能还提供生命所需的服务（如食品、纤维、水、药品），将其纳入参考模型是必不可少的。此外，生态系统的物理属性和在生态系统中流动的生态补充（如种子繁殖体）在构建参考模型时非常重要，因为它们是物种相互作用发生的前提。

除考虑生态系统组成成分外，参考模型还必须考虑生态系统的复杂性以及生态系统各组成部分之间的关系（Green and Sadedin，2005）。生态系统由生命体（生物）和无生命体（非生物）组成，并以复杂的方式相互作用。例如，植物和土壤通过生物调节系统紧密相连（Perry，1994）。植物直接影响土壤的化学、物理和生物特性。因此，生态系统中生长的植物类型会影响生态系统中土壤的方方面面。同样地，土壤的化学、物理和生物特性会影响一个地区植物的类型。这些复杂关系以及生物调节并非陆地生态系统独有。在水生生态系统中，初级生产力（通过光合作用固定能量）与较高营养水平的生产力紧密相关，形成了食物网的整体结构（Vander Zanden et al.，2006）。虽然不可能在生态系统中明确考虑所有组成成分和相互作用，但应构建参考模型，并尽可能多地包含组成成分及其相互作用，且至少应包括在原则 3 中确定的每个关键生态属性的指标。强调有限数量组成部分的生态恢复项目（如侧重于单一生态服务的项目），可能在恢复整体生态系统复杂性方面的潜力有限。另外，在参考模型和生态恢复项目目标中考虑大量影响因素可能在恢复生态系统方面更为成功，能够最终保护生物多样性，并长期提供更高的生态弹性和更好的商品与服务。

4.1.1 历史和未来的变化

生态系统须应对不断变化的环境条件，这增加了生态恢复和其他类型生态系统管理的复杂性。为了考虑时间变化，参考模型被认为是目标生态系统没有发生退化时的状态。同时，参考模型不是过去的某种状态，而是可以预测未来的变化。历史信息对生态修复工作特别重要，尤其是在没有现代参考系统的情况下。在这种情况下，我们要将参考模型调整的程度考虑其中，如果生态系统已经发生退化，历史条件也应该调整到与之相符的程度（见专栏2和附录1）。

连续轨迹是重要的考虑因素，多个演替路径的可能性同样是重要的考虑因素（替代均衡状态）。具体而言，在选择用于构建参考模型的场地时，必须考虑恢复场地的演替阶段。例如，演替后期的生态系统（如1000年前的森林）可能不适合演替早期林地初始恢复阶段的参考场地，尽管这些演替后期的生态系统有助于指导多阶段、长期的参考模型，并制定长期的项目目标。此外，对于某些生态恢复场地，根据自然干扰或物种到达的先后顺序等偶然事件，生态恢复场地可能会存在多种潜在的演替结果（Chase，2003）。与其假设生态系统总是遵循单一的连续轨迹，不如为多种可能轨迹构建一套参考模型。将均衡动力学纳入生态恢复参考模型，显然会使恢复计划更加复杂，但通过合适的项目结果给项目管理者提供清晰的视角，或者当需要达到多个潜在的稳定状态中的一个时，可以帮助管理者避免给出不利的反馈，从而促进生态恢复项目的成功（如管理物种引入的顺序或移除可能使生态系统向非预期方向发展的物种）（Suding and Gross，2006）。

4.1.2　参考场地和其他信息来源

没有两个生态系统是完全相同的，因此创建参考模型的最佳实践是结合使用多个参考场地和其他信息。一个生态恢复场地拥有的生物库存只占所有物种种类的一部分，不太可能代表目标生态系统的平均状况。因此，建议使用多个参考场地的生物库存量。相比同质生态系统，高度异质的生态系统需要更多的参考场地。然而，由于全球土地变化程度很高，许多生态系统可能没有足够数量的可用参考场地，从业人员可能需要依赖演替参考模型和其他信息来源，详情如下：

除参考站点的信息外，还要求提供场地基准调查的信息以及间接的或次要的证据来源（Clewell and Aronson，2013；Liu and Clewell，2017）。尽管这些次要的信息并不完善，它们仍然可以有效地帮助指导生态恢复计划（Egan and Howell，2001）。历史记录信息可以从自然和文化两个方面获取。例如，一个重要的自然获取途径是树的年轮，可以通过树的年轮揭示过去干旱和火灾发生频率。在洞穴中发现的种子和其他植物碎片等，可以用来确定具体的物种。土壤和沉积物中的花粉可用于识别同一地点的植物物种。埋在潮湿土壤或沉积物中的原木和其他大型木质碎片可以在挖掘之后用于识别物种，并揭示很久以前就消失的古老的生长条件。文化记录主要包括照片和书面记录，航空照片和反复摄影是特别有用的记录方式；历史照片、山水画、日记和书籍以及土地调查都是有关历史植被状况的可能信息来源。在当地植物区系处理中，对较老物种的描述通常包括栖息地信息。植物标本馆和博物馆中的标本标签可以用于识别多年前在特定地点收集的物种，有时列出与其一起生长的其他物种。但是，在利用历史信息指导恢复计划时必须小心谨慎，因为历史条件可能是现代条件的不充分预测因素，原因如上所述。此外，自然和文化记录可以支持有限的参考模型。最后，很少存在生态系统的历史条件是完全已知的情况。即使有些生态恢复站点的数据可用，但是所提供的信息也仅限于一个或几个生态系统。

构建参考模型的其他关键信息来源包括传统的和当地的生态知识（Zedler and Stevens，2018），以及表征生态属性的数据库和工具（如土壤描述、稀有物种分布）。如果只从这些间接证据来源中识别出少数物种，那么熟悉该地区自然历史的生态学家可以确定以往存在的生态系统并推断其物种组成。可以从对这些相同生态系统的现有案例的描述中准备实施生态恢复计划。

在项目规划和预算编制阶段，预留充足预算来构建参考模型是一个重要的考虑因素。参考模型的质量将根据项目资源和可用的生态恢复场地及相关信息而有所不同。在生态恢复项目特定限制条件下，利益相关方和项目负责人应该立志创建最佳的生态恢复模型。值得注意的是，在某些司法管辖区，可能已经为某些生态系统构建了参考模型。

4.2　确定适当的生态恢复方法

数百万年来，自然恢复过程已经修复了受自然现象干扰的地区（如火山、山体滑坡、冰川作用、小行星撞击、海平面变化、河岸侵蚀）（Matthews，1999）。虽然不同生态系统之间的生态恢复模式（即演替）不同，但是在本地物种已经适应自然干扰或压力之后，可能已经进化出某种生态恢复的能力（Holling，1973；Westman，1978）。通过了解生态恢复过程如何在自然干扰情况下进行运作，可以制定针对人为因素引起生态退化的生态恢复策略（Cairns et al.，1977；Chazdon，2014）。正确地评估物种在特定地点再生的能力有助于选择适当的方法和治理措施，从而有效利用财政资源和其他生态恢复投入（McDonald，2000；Martínez-Ramos et al.，2016）。

确定有效生态恢复策略的第一步是确定阻碍生态系统恢复的限制因素（有时称为"过滤器"或"障碍"）（Hobbs and Norton，2004；Hulvey and Aigner，2014）。限制因素包括人为因素引起的生态退化，以及非人为因素造成的后果，如基质不合适、生态位缺乏、食草作用、竞争、缺少繁殖体或缺乏打破种子休眠的诱因。通过在不引入新约束情况下去除掉影响生态恢复的限制因素，可以在进化过程中释放出自然恢复过程的潜能，帮助恢复受干扰的场地（McDonald，2000；Prach and Hobbs，2008）。

在可行的情况下，生态恢复可以利用自然再生方法。这些方法有时统称为"被动"恢复（这一术语可能会引起误导，因为自然再生通常不是被动的）。然而，在自然再生的可能性不存在或较低的情况下，通常需要更积极的手段（有时称为"主动"恢复）来重建或增加生物体或消失的生物种群。以下三种方法可以单独使用，也可以结合使用。所有这些方法都利用自然恢复过程，并需要持续的适应性管理，直到实现恢复。

4.2.1　自然（或自发）再生

如果生态损害程度相对较低且仍有表层土保留，或者存在足够的时间，并且附近种群允许重新定殖，在停止某些类型的生态退化因素干扰后，植物和动物可能会恢复（Prach et al., 2014；Chazdon and Guariguata，2016）。这可能包括污染物、不适当的放牧、过度捕捞、限制水的自然流动和不合理的焚烧制度。如果生态恢复场地之间具有较好的连通性，动物物种可以迁徙返回到生态恢复场地，并且植物物种可以通过从剩余的土壤种子库或从附近地点自然分散的种子再生来恢复（Grubb and Hopkins，1986；Powers et al.，2009）。在某些情况下，如果生态恢复时间足够长，即使在受到严重干扰的地点，如废弃的采石场和矿山，也可以通过自然再生的方法进行生态恢复（Prach and Hobbs，2008）。

4.2.2　辅助再生

在遭受中等程度或严重生态退化的场地，需要排除生态退化原因，同时需要积极的干预，以纠正非生物和生物损坏并开始生物恢复（如通过模拟自然干扰或通过提供关键资源）。非生物干预的例子包括积极修复基质化学条件或物理条件；建造栖息地特征，如贝类珊瑚礁（O'Beirn et al.，2000）；重塑河道（Jordan and Arrington，2014）和地貌（Prach and Hobbs，2008）；恢复河口和河流中的环境流量和鱼类通道（Kareiva et al.，2000）；利用人为干扰活动解除种子休眠（Mitchell et al.，2008）；人为构建具有栖息特点的场所，如空心圆木、岩石、木屑堆、土壤微粉和供栖息的树（Elgar et al.，2014；Castillo-Escrivà et al.，2019）。生物干预的例子包括控制入侵物种（Saunders and Norton，2001；Chazdon et al.，2017）；对没有人帮助下无法迁移到恢复区的物种进行补充性再引入（如使野生动物回归，或引入种子非常大的树种）；增加物种遗传多样性不足且濒临灭绝的种群（见附录1）。

4.2.3 重建

在生态遭到很大程度破坏的情况下，不仅需要移除或逆转所有生态退化因素，而且需要消除所有生物和非生物损害以适应已确定的原生参考生态系统，还需要尽可能重新引入全部或大部分所需生物群（Bradshaw，1983；Seddon et al.，2004）。同时，生物群可以与非生物成分相互作用，从而推动生态属性的进一步恢复。在某些情况下，如果生态系统需要按一定顺序进行恢复（如帮助恢复土壤），那么早期的演替物种可能需要比后来的演替物种更早地重新引入（Temperton et al.，2004）。然而，在没有表现出这些演替模式的生态系统中，可能从一开始就需要引入所有物种（Rokich，2016）。

在生态恢复场地存在一系列不同程度的生态退化时，以上三种方法组合可以为生态恢复提供保障，或为提高生态恢复效率和降低生态恢复成本提供技术支撑（Bradshaw，1983；Walker，2011）。在进行大规模生态恢复时，这点尤其需要。也就是说，生态恢复场地的某些部分可能需要自然再生，其他部分可能需要辅助再生，而其他区域可能需要重建，或考虑不同方法的组合。一种组合方法是采用应用成核法（applied nucleation），这已经在垃圾填埋场（Corbin et al.，2016）、地中海林地（Rey Benayas et al.，2008）、热带森林（Corbin and Holl，2012；Holl et al.，2017），以及其他生态系统的生态恢复方面显示出了较好的应用前景。应用成核法包括在生态恢复场地种植小片树木，该小片树木作为核心，从而促进新树木的种植，随着时间的推移扩大森林面积。决定使用哪种方法或方法组合可能并不总是很清楚。知识和经验对于评估现有或不存在的自然再生潜力，以及自然再生潜力是否可以对特定的人为辅助及时做出反应非常重要。在没有具体知识的情况下，在确定哪种方法是最佳方法之前，测试自然再生方法或允许评估几年自然再生速率可能会是有益的（Holl et al.，2018）。以这种方式对生态恢复场地条件做出响应，将确保恢复结果与参考模型定义的条件之间保持高度相似水平。

4.3 生态恢复在全球恢复计划中的作用

在过去的 30 多年里，生态恢复已经从一个小规模的生态位概念发展成为一个保护生物多样性和改善大型景观及人类福祉的主要策略。当恢复区域超过斑块这样的小尺度时，必须扩大生态恢复的目标和方法（见原则 7）。景观格局（生态系统类型的空间关系）和景观过程（如水流、侵蚀、养分流量、土地利用变化）是需要考虑的重要因素（Holl et al.，2003）。在大尺度上，追求生态系统利益相关方和土地利用的多样性可能存在冲突与竞争，但也可能促成共同的解决方案。因此，景观尺度的恢复必须侧重于为生态系统和利益相关方提供多重、互补与综合的利益。

4.3.1 全球恢复倡议

人们越来越意识到环境和社会–文化修复的必要性，这促进了全球生态恢复和相关恢复性活动的兴起（见前言，原则 7）。然而，土地退化的情况有增无减，因此，避免和抵制这种退化影响的需求日益迫切。为了达到这个目的，全球范围已发起了若干大规模的生态恢复倡议和协议，以促进广泛的生态系统管理和基于自然的解决方案（见专栏 10）。在这些倡议和协议中，生态恢复具有广泛的定义（如森林景观恢复），并包括恢复性连续体中的所有活动（见原则 8）。这些举措主要侧重于改善生态健康和景观生产力，以支持当前和未来的人类福祉，保护生物多样性，减少灾害风险，减缓和适应气候变化。对于一些倡议来说，生态恢复被视为改善自然资源获取和可持续性发展的一种途径。另外，生态恢复还可以促进农村经济，提供就业和收入，改善粮食和水安全等。这些目标不一定是相互排斥的。事实上，当大规模生态恢复计划能达到公平获取和可持续利用自然资源的效果时，生态恢复计划也能帮助实现其他全球目标。

专栏 10　全球恢复倡议

2030 年联合国可持续发展目标呼吁恢复海洋和沿海生态系统（目标 14），以及恢复已经退化的森林和其他生态系统（目标 15）。为了支持广泛的可持续发展目标和以下许多举措，联合国大会于 2019 年 3 月 1 日宣布了 2021～2030 年为"联合国生态系统恢复十年"。联合国环境规划署（The UN Environmental Programme，UNEP）、联合国粮食及农业组织（Food and Agriculture Organization，FAO）、全球景观论坛（Global Landscapes Forum，GLF）和世界自然保护联盟（IUCN）等机构预计将出台"联合国生态系统恢复十年"的执行方案和知识交流方案。

《生物多样性公约》（CBD）的目标是到 2020 年恢复 15% 的退化生态系统，以减轻气候变化的影响并防治荒漠化（Aichi 生物多样性目标 15），并将生态恢复视为提供基本生态系统服务的关键（Aichi 生物多样性目标 14）。《生物多样性公约》通过了"生态系统恢复短期行动计划"（CBD，2016），随着目前的生物多样性目标到期，并针对 2020 年后生物多样性框架进行修订，预计恢复工作将发挥更大的作用。《生物多样性公约》（2018 年）还鼓励缔约方进一步加强合作"……识别已经或将要受气候变化影响的区域，生态系统及多样性组成……以促进生态系统恢复和恢复后的可持续管理。"

《联合国防治荒漠化公约》（UNCCD）提出的土地恢复和重建计划作为其 2018～2030 年战略框架的一部分，专门为了实现土地退化零增长（land degradation neutrality，LDN）（Orr et al.，2017）。其中，"支持生态系统功能和服务，以及加强粮食安全所需的土地资源数量和质量，在特定的时间和空间尺度及生态系统内保持稳定或增加"（UNCCD，2017）。在气候变化条件下，当前和未来的干旱地区都将非常脆弱，CBD、UNCCD 和《联合国气候变化框架公约》（United Nations

Framework Convention Climate Change，UNFCCC）等三项里约公约之间需要加强合作，共同探讨在可持续土地管理的支持下如何避免、减少和扭转土地退化，同时要考虑到每项公约的特殊任务（Akhtar-Schuster et al.，2017；Chasek et al.，2019）。

生物多样性和生态系统服务政府间科学政策平台（The Intergovermental Science-Policy Platform on Biodiversity and Ecosystem Services，IPBES）也致力于促进"土地恢复"，开展的活动包括恢复农业生产力，采用农业最佳实践等。IPBES 全球生物多样性和生态系统服务评估（https://www.ipbes.net/global-assessment-biodiversity-ecosystem-services）报告称，目前约有 100 万种动植物物种面临灭绝的威胁，其中许多物种在几十年内就全部灭绝，这比人类历史上任何时候都要多。生物多样性的丧失不仅是一个环境问题，也是一个发展、经济、安全、社会和道德问题。生态恢复和基于陆地的气候变化缓解行动被视为避免大规模灭绝和由此导致的生态系统服务丧失所需变革的一个关键要素。

最大规模和最多样化的生态恢复倡议是由德国政府和 IUCN 发起的"波恩挑战"（Bonn Challenge），后来得到了"纽约森林宣言"（目标5）的认可和推广。这一全球努力旨在到 2020 年使 1.5 亿 hm² 被砍伐和退化的土地得到恢复，到 2030 年使 3.5 亿 hm² 土地得到恢复。"波恩挑战"促使 58 个国家政府和土地管理者做出以下重要承诺：针对总面积超过 1.7 亿 hm² 的生态恢复区域，利用森林景观恢复方法评估生态恢复机会和实施生态恢复活动。

为了支持"波恩挑战"，一些区域的倡导者号召各个国家汇聚一堂，共同分享有关"森林景观恢复"的承诺、知识、方法和能力。在拉丁美洲，提出了"20×20 倡议"，该倡议旨在到 2020 年恢复 2000 万 hm² 的退化土地。同样，"非洲森林景观恢复倡议"（AFR100）是一项由国家主导的计划，旨在到 2030 年恢复 1 亿 hm² 的退化土地。"20×20 倡议"和 AFR100 都完成了它们的承诺目标。支持"波恩挑战"的 17 个国家，通过"20×20 倡议"，承诺了恢复 5000 万 hm² 的退化土地，同时，支持 AFR100 的 28 个国家迄今已承诺恢复 1.13 亿 hm² 的退化土地。

作为国家和地方各级 REDD+（减少毁林和森林退化的排放）项目的一部分，以及《联合国气候变化框架公约》的国家自主贡献（nationally determined contributions，NDCs）的一部分，由全球景观论坛提出或促进了其他生态恢复活动，这些生态恢复活动遍布在全世界范围内各个地区和国家。

4.3.2 景观恢复方法

许多大规模生态恢复计划采用景观生态恢复方法。然而，景观生态恢复不仅涉及在较大的地理区域内实施场地规模的生态恢复项目，它还涉及基于景观生态学和景观可持续性科学（landscape sustainability science，LSS）原理的恢复实践（Frazier et al.，2019），其中"景观"被视为社会生态系统。在不断变化的社会、经济和环境条件下，LSS 致力于改善生态系统服务与人类福祉之间的动态关系。根据景观可持续性科学的定义（Wu，2013），景观恢复可以被定义为一个旨在恢复景观生态完整性以及使生态系统服务能够长期地、有计划地改善人类福祉的过程。因此，景观恢复涉及生态和社会目标（见原则 1）。大规模生态恢复的其他方法包括"可持续多功能景观"，即"创建和管理景观，将人类生产和景观利用纳入景观的生态结构，以维护关键生态系统功能、服务流和生物多样性"（O'Farrell and Anderson，2010）。

开展景观恢复行动需要深入了解景观组成、结构和功能，以及生态完整性与满足人类需求之间的联系（Wu，2013）。这些景观属性不同于在场地上进行生态恢复所考虑的属性（生态系统或群落层面的组成、结构、功能，以及像物种、基因等更低的等级；见原则 7）。相反，景观恢复涉及生态系统在多个尺度上的生物等级，需要明确考虑景观内生态系统的类型和比例，景观单元的空间结构及景观组成，以及结构和功能之间的联系。在某些情况下，在景观尺度恢复生态功能、能量流、养分等可能与恢复生态组成和结构一样重要甚至更为重要，特别是对于提供特定的生态系统服务而言。例如，恢复水文过程和生态系统之间的水流动对于河流流量调节至关重要，而河流流量调节是生态系统服务之一，往往会引起人们对生态恢复的兴趣。

规划与实施景观尺度的生态恢复项目需要对生态退化和生态恢复需求进行景观尺度评估，包括生物多样性和生态系统服务以及它们之间的权衡。景观恢复活动应集中在战略位置，平衡生态和社会效益（Doyle and Drew，2012），并在整个流域及其他地区开展（IUCN and WRI，2014；Liu et al.，2017）。

政府经常与地方行政部门和利益相关方团体联合参与景观恢复项目。利益相关方参与生态恢复平台的建立有几个重要原因，其中包括培养其对景观的责任感，强调不同利益相关方如何看待恢复的潜力及其成本和效益。然而，除非利益相关方驱动的过程符合 LSS 的概念，否则可能不会考虑利益相关方期望的服务、生物多样性和生态完整性之间的关键权衡，并且景观可能会进一步退化。管理权衡方案并最大限度地提高景观可持续性是至关重要的，因为国家生态恢复方案的有效性需要考虑到子孙后代的需要，以及在气候变化下加强未来可持续性的选择。

决策支持工具可以帮助定义和描绘生态退化程度，设定生态恢复目标，识别潜在恢复干预措施或方法之间的权衡和协同作用，并确定生态恢复机会（IUCN and WRI，2014；Hanson et al.，2015；Chazdon and Guariguata，2018；Evans and Guariguata，2019）。此外，在景观尺度上整合生物多样性信息、物种分布模型和栖息地适宜性模型，可以识别通过生态恢复可能减少的物种威胁或能有效恢复其物种和栖息地的区域（Beatty et al.，2018a）。此外，基于生态系统服务供应和生物多样性效益的经济分析及情景有助于了解特定地区具体生态恢复干预措施的成本效益和总成本。然而，迫切需要额外的决策支持工具，用于评估生态系统服务、生态和社会效益之间的权衡，以及评估居民生计和粮食安全等效应（Beatty et al.，2018b）。

推进景观生态恢复科学、实践和政策的一个重要途径是发展与促进不同国家之间和国家内部之间的双边及多边合作。文献计量分析结果表明，发展中国家（如1988～2017年的中国和巴西）（Guan et al.，2019）在生态恢复研究方面的合作出版物显著增加。应鼓励各地区之间分享经验和专业知识，共同筹资，共同获取新知识，以促进更有效的生态恢复政策和实践（Liu et al.，2019），南南合作对于发展中国家和新兴工业化国家的知识共享同样重要（Liu et al.，2017）。

FLR是"波恩挑战"和其他全球恢复计划倡导的主要方法，是提高人们对景观尺度生态恢复和相关干预措施需求意识的主要手段。然而，在FLR下实施的活动不一定等同于生态或景观恢复——这种情况造成了生态恢复这一概念的混乱。虽然FLR被定义为"旨在恢复生态功能、提高人类在退化后的景观中的福祉的过程"（Besseau et al.，2018），但生态恢复只是FLR中用于帮助改善景观退化的众多干预措施之一。事实上，FLR计划包括一系列与原则8中描述的"恢复性连续体"相一致的活动（即减少影响、生态治理、生态修复、生态恢复），包括保护现有保护区和提高区域农业生产可持续性。重要的是，在一系列生态恢复举措中，FLR的某种方式并不一定比另一种方式更有价值。例如，生态恢复并不认为一定是比保护性农业或农林业更好的选择。然而，许多FLR实践者认为，生态恢复是每个FLR项目的关键组成部分。实践者认识到农业生产区，尤其是退化的农业景观，有着巨大的社会、经济和生态干预需求。采用综合方法来保护和修复生态系统最有可能直接有效和公平地改善人类福祉，这种方法与《联合国防治荒漠化公约》的LDN项目类似。然而，在FLR中，选择干预措施要基于许多因素，包括干预措施如何缓解退化，以及它如何支持利益相关方确定的目标（如气候恢复能力、粮食和水安全、生物多样性保护）。以不同的方式解释FLR（Mansourian，2018）会导致FLR有不同的结构（如保护生物多样性、减少土地退化、支持可持续的木材生产）。因此，开展透明的和清楚的沟通，并在景观恢复中实施多种恢复活动以保持灵活性，是成功实施恢复性活动的关键。

FLR 和 "波恩挑战" 有着广泛的政治支持，它们是里约公约（CBD、UNCCD 和 UNFCCC）以及联合国可持续发展目标和许多国家、大洲、区域倡议的重要执行机制。FLR 提供了不同的社会、经济和生态视角，允许各国和其他参与者观察生态系统与景观修复。FLR 已经为 Aichi 生物多样性目标做出了重大贡献（Beatty et al., 2018c）。此外，高级决策者参与 "波恩挑战" 部长级活动，为 "联合国生态系统恢复十年"（2021～2030 年）提供了支持。FLR 的可恢复性不会带来不正当的激励和附加的损害。同时，呼吁实现多种生态功能的恢复，加强对原生生态系统的维护并提高生态系统的功能（见专栏 11）。

专栏 11 FLR 原则

森林景观恢复全球伙伴关系重新阐述并强化了一套精简的、需要长期坚持的 FLR 原则（Besseau et al., 2018）。

关注景观——FLR 发生在整个景观内部，而不是单个生态恢复场地，代表了不同土地使用权和治理制度下相互作用的土地利用和管理实践。正是在这种规模下，才能平衡生态、社会和经济之间的相互关系。

吸引利益相关方并支持参与式治理——FLR 积极调动不同规模的利益相关方，包括弱势群体，参与有关土地利用、恢复目标和战略、实施方法、利益分享、监测和审查过程的规划与决策。

恢复多种功能以实现多种效益——FLR 干预旨在恢复整个景观中的多种生态、社会和经济功能，并生成一系列有益于多个利益相关方群体的生态系统产品和服务。

维护和加强景观中的自然生态系统——FLR 不会导致天然林或其他生态系统的变化或破坏。它加强了森林和其他生态系统的保护，恢复和可持续管理。

使用各种方法为当地环境量身定制——FLR采用多种方法以适应当地在社会、文化、经济和生态等方面的价值、需求和景观历史。它利用最新科学、最佳实践以及传统和本土知识，并在当地现有的或新的治理结构下应用这些信息。

采用适应性管理，提高长期恢复力——FLR旨在中长期时间尺度上提高景观恢复力及其利益相关方的韧性。恢复方法应加强物种和遗传多样性，并随着时间的推移加以调整，以反映气候和其他环境条件、知识、能力、利益相关方的需要和社会价值观的变化。随着生态恢复的进展，来自监测活动、研究和利益相关方指导的信息应纳入管理计划中。

4.4 结 论

世界正在进入一个生态恢复时代，世界各国政府通过广泛的恢复活动，包括生态系统和景观尺度的生态恢复，做出了令人印象深刻的承诺，以恢复退化的土地和景观。生态恢复越来越被认为是减轻环境灾害影响和适应气候变化影响的重要手段，也能改善个人、社区和国家层面的人类福祉。生态恢复如果得到有效实施，可以实现不同层次的生态服务效益，从满足人类最基本的需求，如粮食和水安全，到减少疾病传播，再到改善个人的身体、情感和心理健康。生态恢复还必须与生态保护和可持续生产相结合。生态恢复可以帮助我们在全球范围内，从数百年累积的环境破坏，走向防止土地退化，并最终实现净生态改善。实现原生生态系统面积和功能的净收益，同时提供关键的人类福祉，是"联合国生态系统恢复十年"的真正承诺。实现这一承诺需要世界各地利益相关方的支持，需要全球对各种恢复性活动的承诺和投资。这种投资必须建立在强有力的、正当合理的、可理解的科学基础上，正如生态恢复原则和标准中所阐述的那样。

第 5 章 | 专 业 术 语

本章专业术语在参考 McDonald 等（2016a，2016b）文章的基础上进行了修订和扩展。

非生物的：生态系统中的非生物物质和条件，包括岩石、含水基质、大气、天气和气候、地形起伏和地貌、营养状况、水文状况、火灾状况和盐度状况。

活动：见"恢复活动"。

适应性管理：适应性管理是一种持续的过程，它通过评估以往的政策和实践来获得知识，并应用于未来的项目和计划中，从而达到改进管理政策和实践的目的。这是一种根据新的信息重新回顾并修正管理决策的实践方法。

植树造林：在以前不存在森林的地区引入森林的过程。

联合行动：以减少退化因素及生态退化影响和增强生态系统恢复潜力为目的的恢复性实践活动（包括环境改善、生态整治、生态修复）。

应用成核法：通过强化定殖方法，利用建立的植被（通常是乔木或灌木）或动物种群（如珊瑚、牡蛎）来恢复生态系统重点区域的一种策略。

（生态恢复）方法：生态治理的通用分类，包括自然再生、辅助再生、生态重建等。

辅助再生：一种特殊的恢复方法，重点是积极利用场地或者附近剩余的生物群的自然再生能力，这不同于将生物群体重新引入或者移除从而使环境自然再生（Clewell and McDonald，2009）。虽然这种方法通常应用于低度退化到中度退化的场景，但也有证据证明，在严重退化的情况中，如果提供合适的恢复手段和足够的时间，辅助再生也是可行的（Prach and Hobbs，2008）。辅助再生相关的干预措施包括清除有害生物、重新应用生态干扰和资源的利用以形成生物聚落。

属性特征：见"关键生态属性"。

增加（消失种群）的数量：（也称为增强、富集、补充或更新）在动植物种群中增加相同动植物的数量，目的是增加种群规模或遗传多样性，从而提高生存能力；针对在生态恢复场地已经消失的种群，需要重新恢复该种群的数量。在生态恢复实践中，增加种群数量通常需要依靠附近其他种群提供的原材料，而不是同一种群。

（生态恢复）障碍：阻碍生态系统特征恢复的因素。

基准条件：生态恢复活动开始前生态恢复场地的条件。

基准库存：对生态恢复场地的生物和非生物元素的评估，包括其结构、功能和组成属性。这份库存在生态恢复计划开始时与构建参考模型一起实施，以便为制定生态恢复目标、可测量的目标和治理措施等提供规划信息。

生物多样性：地球上陆地、海洋和其他水生生态系统及其所属的生态复合体内的所有生命的变异。生物多样性包括物种内、物种间和生态系统间的多样性。

碳封存：捕获大气中的二氧化碳并长期储存（通常是通过光合作用、植被生长和土壤有机质积累等方式积累生物量）。这可能是自然发生的现象，也可能是减少气候变化影响行动的结果。

气候包络：物种种群分布的气候范围。气候变化很可能会使气候包络的地理位置发生移动。

气候变化应对：指的是在气候科学和遗传学的基础上选择可恢复的遗传物质，以提高物种在预期气候变化下能持续存在的情况。

（生态）循环：（生态系统的某些部分之间）资源的转移，如水、碳、氮和其他所有生态系统功能的基本要素。

（对生态系统）损害：对生态系统造成的严重和明显的有害影响。

（生态系统的）退化：人为影响对生态系统造成的损害，导致生物多样性的丧失和生态系统结构、组成和功能丧失或破坏，通常会减少生态系统服务流量。

有利物种：来自参考生态系统（或非本地保育植物）的物种将使本地生态系统得以恢复。有利物种的对立面是有害物种，有害物种通常是但不限于非本地物种。

（生态系统）破坏：环境退化或环境损害导致所有生物消失，通常也会破坏生态系统的物理环境。

干扰制度：一段时间内影响生态系统特征的干扰事件的模式、频率、时间或发生率。

生态恢复：帮助退化、损害或破坏生态系统恢复的过程（生态系统恢复有时可以与生态恢复互换使用，但生态恢复始终涉及生物多样性保护和生态完整性，而有些生态系统恢复的方法可能只关注生态系统服务的提供）。

生态恢复大型项目：由许多生态恢复项目组成的更大规模的项目。

生态恢复项目：从规划阶段开始，通过实施生态恢复和监测，为实现原生生态系统实质性恢复而进行的有组织的努力。一个生态恢复项目可能包含多个协议和资金循环，也可能是长期生态恢复计划中的许多项目之一。

生态系统：水体和陆地上由生物和非生物部分组成的生态组合，这些组成部分相互作用形成复杂的食物网、营养循环和能量流。《标准》中使用"生态系统"一词来描述任何规模或尺度的生态组合。

生态系统特征：见"关键生态属性"。

生态系统完整性：生态系统支持和维持特定生态功能和生物多样性（即物种组成和群落结构）的能力。生态完整性可以衡量一个自然生物群落的维持程度。

生态系统维护：生态系统维护是在生态系统全面恢复后，以防止生态退化和保持生态属性为目的的不间断性工作。与生态系统威胁得到控制的地区相比，生态系统依旧受到威胁的地区需要继续大量维护工作。

生态系统管理：在复杂的社会政治和价值观框架下，通过整合生态科学知识，实现长期保护原生生态系统完整性的目标。

生态系统弹性：在自然或人为干扰后生态系统恢复的程度、方式和速度。在植物和动物群落中，这种特性很大程度上取决于个体物种对物种进化过程

中所经历的干扰或胁迫的适应能力。（见社会-生态弹性）

生态系统服务：指生态系统对人类福祉的直接和间接贡献。包括生产清洁的土壤、水和空气，缓和气候及疾病，养分循环和授粉，供应对人类有用的物品，以及满足人们审美、娱乐和其他价值的潜力。生态恢复目标可能是针对特定生态系统服务的恢复，也可能是针对一项或多项生态服务质量和流量的改善。

外部交换：景观或水生环境中的生态单元之间发生的双向交换，包括能量、水、火、遗传物质、生物体和繁殖体。与此同时，栖息地之间的互通也会促进外部交换。

五星系统：用于确定恢复或修复项目所期望达到的恢复水平的工具，并逐步评估和跟踪相对于参考模型的原生生态系统随时间的恢复程度。此工具还提供了一种方法来报告相对于参考模型的基准条件变化（值得注意的是，五星评估系统仅指恢复结果，而不是用于评估实现这些结果的恢复活动）。

森林景观恢复（FLR）：在森林被砍伐或景观退化的条件下，以重新获得生态功能并提升人类福祉为目的的生态恢复过程。这个过程包括一个或多个与生态恢复相关的活动。FLR 不应对生物多样性造成损害。

完全恢复：所有生态系统特征达到与参考生态系统（模型）高度相似的状态。这种状态下生态系统呈现出自组织性，生态系统特征将会趋于完备和稳定。当生态系统实现自组织性时，生态恢复可以被认为是完全的，生态恢复的场地进入维护阶段。

功能特性：在个体生物体的表现型中表达的形态、生物化学、生理、结构、物理或行为特征。功能特性与生物对环境的响应或生物对生态系统特性的影响是相关的。

生态系统功能：由生物群落与非生物因素之间的相互作用和相互关系引起的生态系统的动态属性，包括初级生产、分解、养分循环和蒸腾作用等生态系统过程以及竞争和恢复力等生态系统特性。

基因流：为了维持物种种群遗传多样性的个体生物之间的遗传物质交流。在自然界中，基因流动可能受到缺乏扩散载体和地形障碍（如山脉和河流）

的限制。在破碎的景观中，基因流可能受到残余栖息地分离的限制。被引入种群和本地种群之间的基因流动可能产生负面影响，如近交衰退。

种质资源：动植物的各种再生物质（如胚胎、种子、营养材料），它们为将来的种群提供了遗传物质。

绿色基础设施：一个由自然或半自然区域（如湿地、健康土壤和森林生态系统、积雪）组成的空间网络，可以帮助增加生态系统服务。

近交衰退：由于近亲繁殖或相关个体的繁殖，特定群体的生物适应性降低。

恢复指标：可用于衡量特定地点恢复目标或生态恢复进展情况的生态特征（如衡量生态系统中生物或非生物成分的存在/缺失和质量）。

内在价值：内在价值是一个实体本身存在或终结所具有的价值。与内在价值相对应的是使用价值。使用价值是指生态系统作为客体对人类生存发展的有用性。

关键生态属性：为生态恢复标准而制定的多种属性类别，以帮助从业人员评估生态系统的生物和非生物属性及功能恢复程度。在《标准》中，确定了六个属性类别：免于威胁、物理条件、物种组成、结构多样性、生态系统功能和外部交换。这些属性具有复杂性、自组织性、弹性和可持续性。

景观流：发生在比目标场地（包括水生环境）更大范围尺度内的相互交换，包括能量、水、火和遗传物质的流动。栖息地的连接可促进这种相互交换。

景观恢复：旨在恢复景观水平的生态完整性，以及恢复景观提供长期的、特定于景观的生态系统服务的能力，这对改善人类福祉至关重要。

当地生态知识：通过对当地生态系统进行广泛观察并与其相互作用而获得的、与当地资源使用者共享的生态知识、实践和信念。

（生态系统）管理：一种包括生态系统的维护和修复（也包括生态恢复）在内的宽泛的分类类别。

强制性恢复：由政府、法院或法定机构（强制）要求的恢复，可能包括某些类型的生物多样性补偿。在世界一些地区，强制性恢复被纳入补偿缓解项目。

原生生态系统：一个由本地生物组成的生态系统，这些生物要么从本地进化而来，要么由于环境条件的变化（包括气候变化）从邻近地区迁移而来。在某些情况下，传统文化生态系统或半自然生态系统被认为是原生生态系统。外来物种的存在或外来物种在原生生态系统中的扩张都是退化的表现形式。

原生物种：被认为起源于特定地区的生物群，或者在没有（直接或间接）人类协助传播的情况下到达该区域的生物群。生态学家们对关于如何精确地定义这个概念仍存在争论。

自然资本：自然资源的存量。自然资源可以是可再生的（生态系统、生物）、不可再生的（石油、煤炭、矿物等）、可更新的（大气、饮用水、肥沃的土壤）和可耕种的（地方品种、传统作物及其与之相关的技术），自然资源产生生态系统服务流量。

自然恢复潜力：生态属性通过自然再生恢复到某一程度的能力。退化生态系统中这种自然恢复潜力将取决于退化因素的影响程度和持续时间，以及生态系统内的物种能否在进化时期内适应这些影响。自然恢复潜力是自然再生或辅助再生方法在生态恢复中成功应用的必要条件。

自然更新：植物、动物和微生物等生物群自然地繁衍后代，包括种子萌发、出生、生长等。没有人为干扰情况下的克隆、扩散及本地过程都属于自然更新。

自然（自发）更新方法：一种只依赖于消除退化因素来增加个体数量的生态恢复方法。自然更新方法与辅助再生方法不同。

基于自然的解决方案：一种旨在保护、可持续管理和恢复自然的或经过改造的生态系统的行动。基于自然的解决方案能有效地和适应性地应对社会挑战，同时提供人类福祉和生物多样性。

远交衰退：不同种群个体之间杂交所产生的后代的适应性低于来自相同群体个体之间杂交所产生的后代。

过度利用：超出生态系统的再生能力的任何形式的收割或开采，包括过度捕捞、过度砍伐、过度放牧、过度焚烧。

部分恢复：部分但非所有生态属性与达到参考模型非常相似的状态。

参与式监测：指的是利益相关方参与到项目设计、数据收集和分析、项目管理等多个过程，以提高协同决策的监测系统。

实践者：应用实践技能和知识来规划、实施和监测项目场地修复任务的个人。

生产力：生态系统中生物量的产生速度，由植物和动物的生长及繁殖所决定。

繁殖体：任何在繁殖有机体中起作用的物质。繁殖体由植物、动物、真菌和微生物产生。

开垦：使严重退化的土地（如以前的矿区或荒地）变成适合耕种或适合人类使用的状态的过程。也用来描述由海洋形成的土地。

重建方法：几乎完全依赖于人类的作用来实现生态恢复的方法，这是因为在有些情况下，生物群在一定的时间范围内无法再生，即使有专家协助也无济于事。

恢复：按照参考生态系统确定的水平，恢复生态系统组成、结构和功能的过程。在生态恢复过程中，恢复是由恢复活动协助的——恢复可以分为部分恢复和完全恢复。

补充：下一代生物体的产生。这不是由新生物数量（如并非每个孵化幼体或者幼苗都算在里面）来衡量的，而是根据在群体中已发展成为独立个体的数量来衡量。

参考生态系统：一种能够作为生态恢复模型的原生生态系统（与参考场地不同）。参考生态系统通常代表生态系统的非退化状态，包括其植物群、动物群（和其他生物群）、非生物成分、功能、过程和如果没有发生退化就会存在的演替状态，但经过调整可以适应改变的或预测的环境条件。

参考模型：参考模型是一种表明恢复场地在没有退化情况下所处的预期状况（关于动植物群、其他生物群、非生物元素、功能、过程和演替状态）。这种条件不是历史状况，而是反映了环境条件的背景和未来可能的变化情况。

参考场地:一个现存的能够代表生态属性和类似于项目目标演替阶段的完整集合。通过正式的监测,可以适时地将项目场地与参考场地进行对比,以衡量生态修复的进展情况。理想情况下,这种监测将涉及多个参考场地。

再生:见"自然再生"和"辅助再生"。

修复:以恢复退化场地生态系统功能为目标的管理行动,其目标是使生态系统能够提供可更新的和可持续的服务,而不是恢复本地参考生态系统的生物多样性和完整性。

强化:有意识地将有机体移动并释放到现有的同种群体中。强化的目的是提高种群的生存能力,例如,通过增加种群规模,增加遗传多样性,或通过增加特种群结构或年龄结构的代表性。

重新引入:使得生物群返回到之前存在的区域。

治理:一种为了消除退化因素的管理活动,如从土壤和水中去除污染物或过量营养元素。

恢复:见"生态恢复"。

恢复生态学:生态科学的一个分支,为生态恢复实践提供概念、模型、方法和工具。恢复生态学还受益于对修复实践的直接观察和参与。

恢复活动:旨在促进生态系统或生态系统组成部分恢复的任何行动、干预或处理,如土壤和基质校正、入侵物种控制、栖息地调节、物种重新引入和种群增补。

弹性:见"生态系统弹性"和"社会-生态弹性"。

恢复性活动:减少生态退化或改善生态系统部分或全部恢复条件的活动(包括生态恢复),有时被描述为相互关联的一组恢复性活动。

恢复性连续体:一系列直接或间接支持或实现已经丧失或受损的生态属性恢复的活动。这些活动的范围从最基本的活动(如减少社会影响,污染场地整治、退化土地和水体的恢复,或其他功利价值的恢复)到更具挑战性和最终更有价值的任务(如自然或半自然生态系统的生态和经济修复,以及退化的生态和社会-生态系统的全面生态恢复)。

植被恢复:以任何方式在可能包含或者不包含当地或本地物种的地区

（包括陆地、淡水和海洋地区）内种植植物。

野性回归：计划将植物或动物物种，特别是关键物种或顶级捕食者（如灰狼或猞猁）重新引入其消失的栖息地（如狩猎或栖息地破坏），以增加生物多样性和恢复生态系统的健康。

科学发现：基于系统的观察、测量以及假设的提出、测试和修改，从结构化、逻辑化的方法中获得的知识。

种子转移区：种子在其范围内自由移动而不产生有害影响的地理区域。

自交：自我受精、自花授粉。

半自然生态系统：在欧盟法律背景下，由人类活动（如放牧或割剪的高山草甸）产生的生物多样性生态组合。它们是在传统的农业、牧业或其他人类活动中发展而来的，这些活动可能有几百年的历史，并依赖于传统的管理来确定其特有的组成、结构和功能。这些生态系统因其生物多样性和生态系统服务而受到高度重视，可以作为生态恢复的参考。例如，高山和低地草甸、荒地、白垩草原、灌木林、森林牧场和放牧沼泽。

半自然生态系统不同于欧盟所定义的"人工生态系统"，人工生态系统是为提供生态系统服务而创建的，但会导致生态系统退化，生物多样性降低。例如，耕地、物种贫瘠的农业草原、矿物开采区和城市公园的城市景观。人工生态系统不适合作为生态恢复的参考，但可以作为生态恢复或恢复的起点。从这个意义上讲，半自然生态系统与标准中的高质量的传统文化生态系统具有大致相同的含义。

自组织：当所有要素都存在且生态系统的属性可以在没有外部协助的情况下继续发展到适当的参考状态的一种状态。相对于已确定的参考生态系统的特征，自组织可以通过生长、繁殖、控制生产者、食草动物和捕食者之间的比例以及生态位分化等因素得到证实。自组织很难适用于传统文化生态系统的恢复。

场地：离散的区域或地点。可以在不同的尺度上发生，但通常在斑块或小尺度上（即比景观尺度小）。

南南合作：南半球国家在政治、经济、社会、文化、环境和技术领域

（联合国南南合作办事处）之间开展广泛的合作框架。涉及两个或两个以上的发展中国家，可以在双边、区域、次区域或区域间进行。

社会-生态弹性：复杂的社会-生态系统在经历胁迫时吸收干扰和重组的能力，以便仍保持相似的功能、结构、特性和反馈。这一属性允许复杂的社会-生态系统适应并持续应对威胁和压力。

社会-生态系统：人与自然的复杂的、综合的和相互联系的系统，强调人类必须被视为自然的一部分，而不是与自然分离。

空间格局：由于基质、地形、水文、植被、扰动状态或其他因素的差异而形成的生态系统组分的空间结构（在垂直和/或水平平面）。

物种：这里用作代表一个物种或同种物种分类的通用术语，这个术语没有正式的科学描述。

利益相关方：参与或影响行动或政策的个人和组织，可直接或间接纳入决策进程；在环境和保护规划中，利益相关方通常包括政府代表、企业、科学家、土地所有者和当地自然资源使用者。

分层：生态系统中的植被层次；常指树木、灌木和草本层等垂直层理。

基质：有机物生长和生态系统发育的土壤、沙子、岩石、贝壳、碎片或其他介质。

结构多样性：《标准》中使用的关键生态系统特征类别，以传达"生态系统结构"和"群落结构"。生态系统结构是指生态系统的物理组织，包括物种的密度、分层和分布（种群的数量、栖息地规模和复杂性）、冠层结构和栖息地斑块的模式以及非生物元素。"群落结构"是指包括营养金字塔、食物网和食物链在内的生态系统生物群的层次结构。

实质性恢复：生态恢复项目需要实现的恢复水平。恢复项目的价值可能受到生态系统的生态重要性和项目规模的影响，因此这种恢复水平不能与特定的恢复指标紧密联系起来。

生态演替：在生态系统受到干扰后，生态系统逐渐被替换和发展的过程及模式。

可持续的多功能景观：创建和管理景观，将人类生产和景观用途纳入景观的生态结构中，保持关键的生态系统功能、服务流和生物多样性。

具体目标：在项目结束时寻求的具体生态和社会效益，包括要恢复的原生生态系统。

威胁：潜在的或已经造成生态系统退化、损伤或破坏的因素。

生态阈值：环境或生物物理条件的微小变化引起生态系统向不同生态状态转变的一个临界点。一旦跨过一个或多个生态阈值，如果没有人类的重大干预，或者如果阈值是不可逆转的，生态系统可能很难恢复到以前的状态或轨迹。

传统文化生态系统：在自然过程和人类活动的共同影响下发展起来的生态系统，为人类开发利用资源提供更有用的生态系统组成、结构和功能。高质量的原生生态系统能够作为生态恢复的参考模型，而其他转化为非本地物种或退化生态系统不能作为生态恢复的参考模型。见"半自然生态系统"。

传统生态知识：从经验和观察中获得并通过强烈的文化记忆、对变化的敏感性以及互惠等价值观而代代相传的知识和实践。

生态轨迹：生态系统随时间的演变过程或路径。生态轨迹可能导致生态系统发生退化、停滞，适应不断变化的环境条件，或对生态恢复作出响应。在理想的情况下，生态恢复会使生态系统已丧失的完整性和弹性得以复原。

移位：由人类有目的地将生物体运输到特定景观或水生环境的不同区域或更远的地区。其目的一般是保护濒危物种、亚种或种群。

营养级：食物网的各个部分（如生产者、食草动物、捕食者和分解者）。

福祉：人类福祉由相关环境决定，包括美好生活、选择与自由、健康、良好社会关系和安全保障等基本要素。

参 考 文 献

Akhtar-Schuster M, Stringer LC, Erlewein A, Metternicht G, Minelli S, Safriel U, Sommer S (2017) Unpacking the concept of land degradation neutrality and addressing its operation through the Rio Conventions. Journal of Environmental Management 195: 4-15

Allison SK, Murphy SD (eds)(2017) Routledge handbook of ecological and environmental restoration. Routledge, Abingdon, UK

Aronson J, Alexander S (2013) Ecosystem restoration is now a global priority: Time to roll up our sleeves. Restoration Ecology 21: 293-296

Beatty CR, Cox NA, Kuzee ME (2018a) Biodiversity guidelines for forest landscape restoration opportunities assessments. First edition. IUCN, Gland, Switzerland

Beatty CR, Raes L, Vogl AL, Hawthorne PL, Moraes M, Saborio JL, Meza Prado K (2018b) Landscapes, at your service: applications of the Restoration Opportunities Optimization Tool (ROOT). IUCN, Gland, Switzerland

Beatty CR, Vidal A, Devesa T, Kuzee ME (2018c) Accelerating biodiversity commitments through forest landscape restoration: evidence from assessments in 26 countries using the Restoration Opportunities Assessment Methodology (ROAM) (Working Paper). Convention on Biological Diversity Information Document CBD/COP/14/INF/18. IUCN, Gland, Switzerland

Besseau P, Graham S, Christophersen T (eds) (2018) Restoring forests and landscapes: the key to a sustainable future. Global Partnership on Forest and Landscape Restoration, Vienna, Austria

Booth TH, Williams KJ, Belbin L (2012) Developing biodiverse plantings suitable for changing climatic conditions 2: Using the Atlas of Living Australia. Ecological Management & Restoration 13: 274-281

Bradshaw AD (1983) The reconstruction of ecosystems. Journal of Applied Ecology 20: 1-17

Breed MF, Stead MG, Ottewell KM, Gardner MG, Lowe AJ (2013) Which provenance and where? Seed sourcing strategies for revegetation in a changing environment. Conservation Genetics 14: 1-10

Broadhurst LM, Lowe A, Coates DJ, Cunningham SA, McDonald M, Vesk PA, Yates C (2008) Seed supply for broadscale restoration: maximizing evolutionary potential. Evolutionary Applications 1: 587-597

Cairns J, Jr, Dickson KL, Herricks EE (eds) (1977) Recovery and restoration of damaged ecosystems. University Press of Virginia, Charlottesville, VA

Castillo-Escrivà A, López-Iborra GM, Cortina J, Tormo J (2019) The use of branch piles to assist in the restoration of degraded semiarid steppes. Restoration Ecology 27: 102-108

CBD (2016) Ecosystem restoration: short-term action plan. CBD/COP/DEC/XIII/5. Convention on Biological Diversity, Montreal, Canada https://www.cbd.int/doc/decisions/cop-13/cop-13-dec-05-en.pdf (accessed 21 May 2019)

CBD (2018) CBD (2018) Biodiversity and climate change. CBD/COP/14/L.23. Convention on Biological Diversity, Montreal, Canada https://www.cbd.int/doc/c/9860/44b3/042fbf32838cf31a771bb145/cop-14-1-23-en.pdf (accessed 21 May 2019)

Chase JM (2003) Community assembly: when should history matter? Oecologia 136: 489-498

Chasek P, Akhtar-Schuster M, Orr BJ, Luise A, Rakoto Ratsimba H, Safriel U (2019) Land degradation neutrality: The science-policy interface from the UNCCD to national implementation. Environmental Science & Policy 92: 182-190

Chazdon RL (2014) Second growth: the promise of tropical forest regeneration in an age of deforestation. University of Chicago Press, Chicago, IL

Chazdon RL, Bodin B, Guariguata MR, Lamb D, Walder B, Chokkalingam U, Shono K (2017) Partnering with nature: the case for natural regeneration in forest and landscape restoration. Montreal, Canada

Chazdon RL, Guariguata MR (2016) Natural regeneration as a tool for large-scale forest restoration in the tropics: prospects and challenges. Biotropica 48: 716-730

Chazdon RL, Guariguata MR (2018) Decision support tools for forest landscape restoration: current status and future outlook. Occasional Paper 183. Center for International Forestry Research, Bogor, Indonesia

Clewell A, Rieger J, Munroe J (2005) Guidelines for developing and managing ecological restoration projects. Society for Ecological Restoration International, Tucson, Arizona. www.ser.org

Clewell A, McDonald T (2009) Relevance of natural recovery to ecological restoration. Ecological Restoration, 27 (2): 122-124

Clewell AF, Aronson J (2013) Ecological restoration: principles, values, and structure of an emerging profession. Second edition. Island Press, Washington, DC

Conservation Measures Partnership (2013) Open standards for the practice of conservation. Version 3.0. http://cmp-openstandards.org/download-os/

Convention on Biological Diversity (2016) Ecosystem restoration: short-term action plan. CBD/COP/DEC/XIII/5 https://www.cbd.int/decisions/cop/? m=cop-13

Corbin JD, Holl KD (2012) Applied nucleation as a forest restoration strategy. Forest Ecology and Management 265: 37-46

Corbin JD, Robinson GR, Hafkemeyer LM, Handel SN (2016) A long-term evaluation of applied nucleation as a strategy to facilitate forest restoration. Ecological Applications 26: 104-114

Crowe KA, Parker WH (2008) Using portfolio theory to guide reforestation and restoration under climate change scenarios. Climatic Change 89: 355-370

Doyle M, Drew C (2012) Large-scale ecosystem restoration: five case studies from the United States. Island Press, Washington, DC

Echeverria C, Coomes D, Salas J, Rey-Benayas JM, Lara A, Newton A (2006) Rapid deforestation and fragmentation of Chilean Temperate Forests. Biological Conservation 130: 481-494

Egan D, Howell EA (2001) The historical ecology handbook. A restorationist's guide to reference e-cosystems. Island Press, Washington, DC

Elgar AT, Freebody K, Pohlman CL, Shoo LP, Catterall CP (2014) Overcoming barriers to seedling regeneration during forest restoration on tropical pasture land and the potential value of woody weeds. Frontiers in Plant Science 5: 200

Evans K, Guariguata MR (2019) A diagnostic for collaborative monitoring in forest landscape restoration. Occasional Paper 193. CIFOR, Bogor, Indonesia

Frazier AE, Bryan BA, Buyantuev A, Chen L, Echeverria C, Jia P, Liu L, Li Q, Ouyang Z, Wu J, Xiang W-N, Yang J, Yang L, Zhao S (2019) Ecological civilization: perspectives from landscape ecology and landscape sustainability science. Landscape Ecology 34: 1-8

Gann G, Lamb D (2006) Ecological restoration: a means of conserving biodiversity and sustaining livelihoods Society for Ecological Restoration International, Tucson, Arizona. www.ser.org

Gibson AL, Espeland EK, Wagner V, Nelson CR (2016) Can local adaptation research in plants inform selection of native plant materials? An analysis of experimental methodologies. Evolutionary Applications 9: 1219-1228

Gibson AL, Fishman L, Nelson CR (2017) Polyploidy: a missing link in the conversation about seed transfer of a commonly seeded native grass in western North America. Restoration Ecology 25: 184-190

Green DG, Sadedin S (2005) Interactions matter—complexity in landscapes and ecosystems. Ecological Complexity 2: 117-130

Grubb PJ, Hopkins AJM (1986) Resilience at the level of the plant community. Pages 21-38 In: Dell B, Hopkins AJM and Lamont BB (eds) Resilience in mediterranean- type ecosystems. Springer Netherlands, Dordrecht

Guan Y, Kang R, Liu J (2019) Evolution of the field of ecological restoration over the last three decades: abibliometric analysis. Restoration Ecology 27: 647-660

Hanson C, Buckingham K, DeWitt S, Laestadius L (2015) The restoration diagnostic v. 1. 0. World Resources Institute, Washington DC

Havens K, Vitt P, Still S, Kramer AT, Fant JB, Schatz K (2015) Seed sourcing for restoration in an era of climate change Natural Areas Journal 35: 122-133

Hobbs RJ, Norton DA (2004) Ecological filters, thresholds, and gradients in resistance to ecosystem reassembly. Pages 72-95 In: Temperton VM, Hobbs RJ, Nuttle T and Halle S (eds) Assembly rules and restoration ecology: bridging the gap between theory and practice. Island Press, Washington, DC

Holl KD, Crone EE, Schultz CB (2003) Landscape restoration: moving from generalities to methodologies. BioScience 53: 491-502

Holl KD, Reid JL, Chaves-Fallas JM, Oviedo-Brenes F, Zahawi RA (2017) Local tropical forest restoration strategies affect tree recruitment more strongly than does landscape forest cover. Journal of Applied Ecology 54: 1091-1099

Holl KD, Reid JL, Oviedo- Brenes F, Kulikowski AJ, Zahawi RA (2018) Rules of thumb for predicting tropical forest recovery. Applied Vegetation Science 21: 669-677

Holling CS (1973) Resilience and Stability of Ecological Systems. Annual Review of Ecology and Systematics 4: 1-23

Hopper SD (2009) OCBIL theory: towards an integrated understanding of the evolution, ecology and conservation of biodiversity on old, climatically buffered, infertile landscapes. Plant and soil 322: 49-86

Huff DD, Miller LM, Chizinski CJ, Vondracek B (2011) Mixed-source reintroductions lead to outbreeding depression in second- generation descendents of a native North American fish. Molecular Ecology 20: 4246-4258

Hufford K, Mazer S (2003) Hufford KM, Mazer SJ. Plant ecotypes: genetic differentiation in the age of ecological restoration. Trends in Ecology & Evolution 18: 147-155

Hulvey KB, Aigner PA (2014) Using filter-based community assembly models to improve restoration outcomes. Journal of Applied Ecology 51: 997-1005

IUCN and WRI (2014) A guide to the Restoration Opportunities Assessment Methodology (ROAM): assessing forest landscape restoration opportunities at the national or sub- national level. Working Paper (Road-test edition). IUCN, Gland, Switzerland

Jordan F, Arrington DA (2014) Piscivore responses to enhancement of the channelized Kissimmee River, Florida, U. S. A. Restoration Ecology 22: 418-425

Kareiva P, Marvier M, McClure M (2000) Recovery and management options for spring/summer Chinook salmon in the Columbia River Basin. Science 290: 977-979

Kaye TN (2001) Common ground and controversy in native plant restoration: the SOMS debate, source distance, plant selections, and a restoration- oriented definition of native. Pages 5- 12 In: Rose R andHaase D (eds) Native Plant Propagation and Restoration Strategies. Nursery Technology Cooperative and Western Forestry and Conservation Association, Corvallis, Oregon

Keenleyside KA, Dudley N, Cairns S, Hall CM, Stolton S (2012) Ecological restoration for protected areas: Principles, guidelines and best practices. IUCN, Gland, Switzerland

Kramer AT, Havens, K. (2009) Plant conservation genetics in a changing world. Trends in Plant Science 14: 599-607

Kramer AT, Wood TE, Frischie S, Havens K (2018) Considering ploidy when producing and using mixed-source native plant materials for restoration. Restoration Ecology 26: 13-19

Liu J, Bawa KS, Seager TP, Mao G, Ding D, Lee JSH, Swim JK (2019) On knowledge generation and use for sustainability. Nature Sustainability 2: 80-82

Liu J, Calmon M, Clewell A, Liu J, Denjean B, Engel VL, Aronson J (2017) South – south co-operation for large-scale ecological restoration. Restoration Ecology 25: 27-32

Liu J, Clewell A (2017) Management of ecological rehabilitation projects. Science Press, Beijing

Lynam T, De Jong W, Sheil D, Kusumanto T, Evans K (2007) A review of tools for incorporating community knowledge, preferences, and values into decision making in natural resources management. Ecology and Society 12: 5

Mansourian S (2018) In the eye of the beholder: reconciling interpretations of forest landscape restoration. Land Degradation & Development 29: 2888-2898

Martínez-Ramos M, Pingarroni A, Rodríguez-Velázquez J, Toledo-Chelala L, Zermeño-Hernández I, Bongers F (2016) Natural forest regeneration and ecological restoration in human-modified tropical landscapes. Biotropica 48: 745-757

Matthews JA (1999) Disturbance regimes and ecosystem response on recently-deglaciated substrates. Pages 17-37 In: Walker LA (ed) Ecosystems of disturbed ground. Elsevier, Amsterdam

McDonald T (2000) Resilience, recovery and the practice of restoration. Ecological Restoration 18: 10-20

McDonald T, Jonson J, Dixon KW (2016a) National standards for the practice of ecological restoration in Australia. Restoration Ecology 24: S6-S32

McDonald T, Gann GD, Jonson J, and Dixon KW (2016b) International standards for the practice of ecological restoration-including principles and key concepts. Society for Ecological Restoration, Washington, D. C. http://www. ser. org/? page = SERStandards

McDonald T, Jonson J, DixonKW (2018) National standards for the practice of ecological restoration in Australia. Second edition. Standards Reference Group, Society for Ecological Restoration Australasia www. seraustralasia. com

Mitchell RJ, Rose RJ, Palmer SCF (2008) Restoration of Calluna vulgaris on grass-dominated moorlands: The importance of disturbance, grazing and seeding. Biological Conservation 141: 2100-2111

O'Beirn FX, Luckenbach MW, Nestlerode JA, Coates GM (2000) Toward design criteria in constructed oyster reefs: oyster recruitment as a function of substrate type and tidal height. Journal of Shellfish Research 19: 387-395

O'Farrell PJ, Anderson PML (2010) Sustainable multifunctional landscapes: a review to implementation. Current Opinion in Environmental Sustainability 2: 59-65

Orr, BJ, Cowie AL, Castillo Sanchez VM, Chasek P, Crossman ND, Erlewein A, Louwagie G, Maron M, Metternicht GI, Minelli S, Tengberg AE, Walter S, Welton S (2017) Scientific conceptual framework for Land Degradation Neutrality. A report of the Science-Policy Interface. United Nations Convention to Combat Desertification, Bonn, Germany https://www. unccd. int/publications/scientific-conceptual-framework-land-degradation-neutrality-report-science-policy

(accessed 21 May 2019)

Palmer MA, Zedler JB, Falk DA (eds) (2016) Foundations of restoration ecology. Island Press, Washington, DC

Perry D (1994) The soil ecosystem. Pages 302-338 In: Perry DA (ed) Forest Ecosystems. The Johns Hopkins University Press, Baltimore

Powers SP, Peterson CH, Grabowski JH, Lenihan HS (2009) Success of constructed oyster reefs in no-harvest sanctuaries implications for restoration. Marine Ecology Progress Series 389: 159-170

Prach K, Hobbs RJ (2008) Spontaneous succession versus technical reclamation in the restoration of disturbed sites. Restoration Ecology 16: 363-366

Prach K, Řehounková K, Lencová K, Jírová A, Konvalinková P, Mudrák O, Študent V, Vaněček Z, Tichý L, Petřík P, Šmilauer P, Pyšek P (2014) Vegetation succession in restoration of disturbed sites in Central Europe: the direction of succession and species richness across 19 seres. Applied Vegetation Science 17: 193-200

Prober S, Byrne M, McLean E, Steane D, Potts B, Vaillancourt R, Stock W (2015) Climate-adjusted provenancing: a strategy for climate-resilient ecological restoration. Frontiers in Ecology and Evolution 3

REDD+ SES (2012) REDD+ social and environmental standards. Version 2. www. redd-standards. org

Rey Benayas JM, Bullock JM, Newton AC (2008) Creating woodland islets to reconcile ecological restoration, conservation, and agricultural land use. Frontiers in Ecology and the Environment 6: 329-336

Rogers DL, Montalvo AM (2004) Genetically appropriate choices for plant materials to maintain biological diversity. Lakewood, CO. http://www. fs. fed. us/r2/publications/botany/plantgenetics. pdf

Rokich DP (2016) Melding of research and practice to improve restoration of Banksia woodlands after sand extraction, Perth, Western Australia. Ecological Management & Restoration 17: 112-123

Sáenz-Romero C, Lindig-Cisneros RA, Joyce DG, Beaulieu J, St. Clair JB, Jaquish BC (2016). Assisted migration of forest populations for adapting trees to climate change. Revista Chapingo Serie Ciencias Forestales y del Ambiente 22: 303-323. doi: 10. 5154/r. rchscfa. 2014. 10. 052

Sagvik J, Uller T, Olsson M (2005) Outbreeding depression in the common frog, Rana temporaria. Conservation Genetics 6: 205-211

Saunders A, Norton DA (2001) Ecological restoration at Mainland Islands in New Zealand. Biological Conservation 99: 109-119

Seddon S, Venema S, Miller DJ (2004) Seagrass rehabilitation in metropolitan Adelaide. II. Preliminary draft donor bed independent methods progress report. SARDI Aquatic Sciences report to the Department for Environment and Heritage, Adelaide

Society for Ecological Restoration (2004) The SER International primer on ecological restoration. Society for Ecological Restoration International, Tucson, AZ. www. ser. org

Society for Ecological Restoration (2013) URL http://www. ser. org/page/CodeofEthics/Code- of-Ethics. htm(accessed 3 March 2018, http://www. ser. org/page/CodeofEthics/Code- of-Ethics. htm

Society for Ecological Restoration and IUCN Commission on Ecosystem Management (2018) Forum on biodiversity and global forest restoration summary report and plan of action. https://ser. site-ym. com/page/SERDocuments

Suding KN, Gross KL (2006) The dynamic nature of ecological systems: multiple states and restoration trajectories. Pages 190-209 In: Falk DA, Palmer MA, Zedler JB (eds) Foundations of restoration ecology. Island Press, Washington, DC

Swetnam TW, Allen CD, Betancourt JL (1999) Applied historical ecology: using the past to manage for the future. Ecological Applications 9: 999-1206

Temperton VM, Hobbs RJ, Nuttle T, Halle S (eds) (2004) Ecological filters, thresholds, and gradients in resistance to ecosystem reassembly. Island Press, Washington, DC

UNCCD (2017) The global land outlook, first edition. United Nations Convention to Combat Desertification, Bonn, Germany https://www. unccd. int/sites/default/files/documents/2017- 09/GLO_Full_Report_low_res. pdf(accessed 20 May 2019)

Van Andel J, Aronson J (eds)(2012) Restoration ecology: the new frontier. 2nd Edition Blackwell, Oxford, UK

Vander Zanden MJ, Olden JD, Gratton C (2006) Food web approaches in restoration ecology. Pages 165-189 In: Falk D, Palmer M and Zedler J (eds) Foundations of restoration ecology. Island Press, Washington, DC

Walker LR (2011) Integration of the study of natural and anthropogenic disturbances using severity gradients Austral Ecology 36: 916-922

Wang Y, Pedersen JLM, Macdonald SE, Nielsen SE, Zhang J (2019) Experimental test of assisted migration for conservation of locally range- restricted plants in Alberta, Canada. Global Ecology and Conservation 17: e00572

Westman WE (1978) Measuring the inertia and resilience of ecosystems. BioScience 28: 705-710

Wiggins HL, Nelson CR, Larson AJ, Safford HD (2019) Using LiDAR to develop high-resolution reference models of forest structure and spatial pattern. Forest Ecology and Management 434: 318-330

Wu J (2013) Landscape sustainability science: ecosystem services and human well-being in changing landscapes. Landscape Ecology 28: 999-1023

Zedler JB, Stevens ML (2018) Western and Traditional Ecological Knowledge in ecocultural restoration. San Francisco Estuary and Watershed Science 16: 1-18

| 附　录　1 |

选择用于生态恢复的种子和其他繁殖体

该附录由 McDonald 等（2016a）的文章改编和拓展而来。虽然在选择生态恢复项目的植物种子和其他繁殖体（如营养物质、孢子、卵、活幼体）时需要考虑很多因素，但遗传因素对于确保最终种群成功繁殖和持续至关重要。这些考虑因素在破碎的景观中尤为重要，尤其是在气候变化条件下。

考虑种子和其他繁殖体的遗传因素[①]

生态恢复实践者已经广泛采用了将繁殖体收集限制在局部种源区域或种子转移区域的理念，以确保选择用于生态恢复的繁殖体是合适的。然而，仅收集生态恢复场地附近的繁殖体的方案是不恰当的，因为地理距离可能不是衡量生态恢复场地间生态差异的最好方式。也就是说，许多从业人员明白，本地适应的程度因物种、种群和栖息地而异（Gibson et al.，2016），并且本地基因型发生在或狭小或广阔的区域（即 $10 \sim 100 \ s/km^2$），这主要取决于物种及其生物类型。例如，与具有含风、含水或动物扩散种子特性的植物相比，

[①]　植物生态恢复过程中使用的主要繁殖体是种子，但是有时也不会使用种子。有些植物基本不产生种子，主要通过插条、分裂或微繁殖进行繁殖。无论繁殖体的起源类型如何，关于遗传的原理都是相似的，值得注意的是，当使用无性繁殖方法时，遗传多样性是有限的，这可能会影响群体应对未来适应性挑战的能力。这种适用于植物的一般性原理也适用于一些生物，如珊瑚或真菌，其中个体或菌落的碎片用作繁殖体，代替孢子、卵或其他有性生殖方式。

高度自交、依靠重力扩散种子的一年生植物,以及曾经出现的离散、孤立种群的一年生植物,具有更受限制的局部范围,尤其是那些近期经历过局部范围扩张的植物(Hufford and Mazer, 2003; Broadhurst et al., 2008)。此外,在大部分退化的景观中,当种群数量低于物种特定的阈值数量时,少部分种群有可能导致近亲繁殖。近交衰退可能会降低种群的功能和适应性,因此通常最好从更大、更高密度的种群中收集繁殖体。这意味着在种群数量小、密度较小且较孤立的破碎景观中,可能需要从较远距离和多处来源收集繁殖体(并在生产区域中繁殖它们)以捕获足够的遗传多样性与足够的繁殖体以重建具有功能性、有恢复弹性的社区。

在更广泛的地区寻找生物繁殖体时,必须考虑远交衰退的风险。虽然不像近交衰退那样常见,但是当来自遗传上不同种群的物种交叉时,就会发生远交衰退的风险。在某些情况下,适应性丧失是由于局部适应能力的丧失。如果繁殖母体适应了不同的条件,所产生的后代可能很难适应任何一个母体场地。在其他情况下,共同适应的基因复合物可能会被破坏,从而导致适应性丧失(Rogers and Montalvo, 2004)。当不同染色体倍性的群体(细胞中的染色体数目)在生态恢复期或种子生产区结合时,植物的远交衰退可能特别严重。禾本科和菊科植物是生态恢复过程中广泛使用的两种植物类型,它们的染色体倍性差异相对普遍(Kramer et al., 2018),并且可能在近距离范围内发现具有不同倍性水平的植物群体(Gibson et al., 2017)。由于不应在苗圃生产或生态恢复过程中混合不同倍性的植物群体,如果需要混合策略,可能需要流式细胞仪检测以确定混合前群体的倍性水平。动物近交衰退并不像植物近交衰退那样广泛,但动物近交衰退现象始终存在(Sagvik et al., 2005; Huff et al., 2011)。

繁殖体来源与气候变化

一个物种目前存在的气候范围被称为"气候生态位"或"气候包络"。气候变化可能会导致气候包络与物种当前范围脱钩,并且在气候变得更热的情况下，"气候包络"范围可能会进一步向极地移动或向更高的海拔移动。随着区域变得更加干燥或湿润，气候包络也可能受到降水变化的影响。然而，降水的变化可能比温度更不可预测，因此气候包络的位移可能更为复杂。这些变化也可能以不同的速率影响一个物种的个体种群数量。虽然过去许多物种都经历过气候变化，但目前的气候变化速度，以及物种离散化程度和人为迁徙的障碍，都是前所未有的，这些都对物种生存构成了挑战。我们无法准确预测生态系统将要面临的风险类型和规模，只有一小部分物种被单独研究过。因此某些物种或种群可能会从目前的位置消失，有些物种或种群由于迁移障碍和其他因素而在当地或本区域灭绝；有的物种将开拓新的地区，改变当地的物种组合。正如易位实验所证明的，有些物种可能具有较好的适应环境变化的"可塑性"，随着气候变化而持续存在。也就是说，单株植物可能能够通过减少其叶片大小，增加叶片厚度或改变开花和出苗时间等机制来调整其形状。动物可能会改变食物摄取的选择（如以杂食为主的熊将摄取的食物转变为更能适应气候变化的植物）。一般来说，动物种群的一般种类通常比专业物种更能在气候变化中存活下来。在大多数情况下，持久性可能取决于物种的适应能力，而适应能力又取决于个体种群的规模和遗传多样性。

　　许多因素将影响物种适应新环境或迁移的能力，包括基因流的模式、物种的地理分布、物种栖息地和气候的异质性以及其他生物和非生物因素，包括早期演替物种和晚期演替物种。具有种群大、遗传多样性高、基因流动距离远、自然繁殖和扩散能力强的动植物物种，随着气候的变化，适应或迁移的机会可能更大。相反，遗传多样性较低、分散能力较低的物种或种群，如发生在孤立的小区域内，或由于人为干扰而被隔离的物种或种群，在应对气候变化时可能无法适应或迁移。

　　自然景观的历史特点也在物种适应过程中发挥着作用。例如，对于生物多样性丰富的"古老的、能缓冲气候的"景观（即 OCBILs 理论）（Hopper, 2009），在无冰期时期，物种很可能抵抗了多种气候变化的影响。因此，这些物种由于适应了地质时期的水分和温度波动，能够持续的生存于自然景观中。在澳大利亚和非洲南部大部分的 OCBILs 景观地区，物种对气候变化的预适应程度很高。OCIBIL 景观中物种的灭绝和局部灭绝往往是由物种破碎化和栖息地丧失造成的。相反,在温带地区,许多物种适应远距离迁移,如在冰川消融后发生。

工具和未来方向

目前有许多技术和协议可以指导收集遗传多样性的资料,以增强物种在生态恢复项目中的适应潜力。由于种群之间的高度连通性,在较大的和完整的栖息地中不太可能需要生态恢复干预以增强适应性潜力。但是,在气候变化导致自然景观分散或可能变得分散的情况下,协助遗传适应的干预措施可能会对生态恢复有益。这意味着,虽然本地基因库仍然在遗传适应中起主要作用,但明智的做法是,考虑从与目标修复区气候相似的地区纳入少量同一物种的种质。附表 1-1 中给出了从保守到开放式的植物种子寻找建议。并且,我们鼓励研究人员将方案调试以及实验设计融入低风险的生态恢复方案当中。

附表 1-1   植物所处的物种和栖息地特征有助于判断种子的来源

(修改自 Havens et al. , 2015)

偏谨慎/本地种源	物种特征	偏宽松/远距离种源
分布狭窄,包括土壤地方性	←———————→	广泛分布
不确定的分类(未知物种的潜力)	←———————→	稳定的分类(经过充分研究)
短距离基因流	←———————→	广泛的远距离基因流
	栖息地特征	
历史脆弱性表征	←———————→	近期脆弱性表征
高质量	←———————→	高度退化
古老或稳定的景观	←———————→	年轻或动态的景观

有些工具可用于帮助生态恢复人员在规划阶段考虑气候变化应对。首先,鼓励生态恢复工作者寻找预测气候变化对生态系统影响的科研结果。其次,鼓励实践者与研究人员合作,以更好地了解物种对破碎化和气候变化预测的响应,并确定与生态恢复项目中遗传物质的蓄意变动有关的相对风险。对于

植物而言，园林研究是了解植物变动的风险和益处的关键。最后，在一些国家，基于网络的工具越来越容易使用，以确定目前在恢复场地附近发生的物种或种群是否仍适合未来预计在该地点出现的气候。在北美，种子选择工具（https://seedlotselectiontool. org/sst/）对植物非常有用，而在澳大利亚，澳大利亚生活地图集网站（www. ala. org. au）可以帮助从业人员识别一个物种的自然地理范围，以及它是否有潜力承受气候变化情景下预计出现的变化，这些情况本身都在 www. climatechangeinaustralia. gov. au 网站上有所描述（Booth et al.，2012）。

许多生态恢复项目已经从更遥远的种源中获取植物种子，同时，通常会考虑到气候变化。为了确保物种的遗传多样性，繁殖体的来源建议包括本地来源（Kaye，2001）、复合来源（Broadhurst et al.，2008）、混合来源（Breed et al.，2013）、预测来源（Crowe and Parker，2008）和气候改变下的来源（Prober et al.，2015）（附图 1-1）。附表 1-2 中描述了每种策略及其优点、风险和最合适的用途。只有在合理的情况下，在考虑近交衰退和远交衰退的潜在负面影响的风险管理框架内，由可靠的科学支持，才能实施此类战略。它还应包括长期监测（即至少 10 年），以记录经验教训，供从业人员和科学家分享。

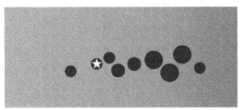

(a) 气候调整下的来源

(b) 本地来源

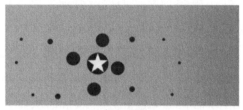

(c) 复合来源

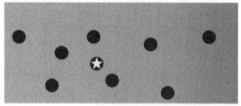

(d) 混合来源

(e) 预测来源

附图 1-1　植被恢复的溯源策略（转载自 Prober et al.，2015）。星状符号表示再重植区，圆圈符号代表用作种质资源的本地种群。圆圈符号大小表示在植被恢复点的每个种群中包含的种质的相对数量。请注意，附表 1-2 没有考虑气候改变下的来源

附表 1-2　种子来源的类型，以及种子的描述、收益、风险和最合适的用途

转载自 Havens 等（2015），修改自 Breed 等（2013）

种子来源类型	定义	好处	风险	最佳使用时间
严格的当地起源	仅使用来自恢复场地或正常基因流动距离内的种群的种子	• 适应不良的风险很小（至少在短期内）	• 遗传基础狭窄 • 可能近亲繁殖 • 基因漂移 • 缺乏适应能力	• 干扰很小 • 恢复时或附近有大量本地种群 • 预测分布变化较低

种子来源类型	定义	好处	风险	最佳使用时间
非严格的本地来源	混合来自地理位置接近的种群的种子，重点关注种子来源和受体场地的匹配环境	• 适应不良的风险很小（至少在短期内） • 避免近亲繁殖 • 增加适应性潜力	• 遗传基础较窄 • 长期缺乏适应能力	• 干扰最小 • 预测的分布变化很低
复合来源	混合来自近距离和中距离（或环境匹配）群体的种子以模拟长距离基因流	• 避免近亲繁殖 • 增加适应性潜力	• 不适应 • 远交衰退	• 干扰很小 • 分散化程度很高 • 预测分布变化适中
混合来源	在整个物种范围内混合来自不同距离的许多种群的种子	• 最高的适应性潜力	• 最大程度地适应不良风险 • 远交衰退 • 可能是侵入性基因型	• 干扰很大 • 预测分布变化很大
预测来源	使用基于模型和实验的适应预测条件的基因型（例如，2050年气候预测）	• 如果预测是正确的，那么应对气候变化的条件是最好的	• 预测可能是错误的 • 需要大量研究（初始成本高），尽管工具可以提供帮助	• 干扰程度从低至中等 • 预测的分布变化很高并且很容易理解

　　然而，设计种植清单的从业人员需要牢记，确定未来将要发生的变化是不可能的。不同的物种和种群将以不同的方式应对气候变化，目前还没有可靠或简单的预测方法。此外，温度和降水量不是唯一重要的预测因素。一系列物理（如基质）和生物因素（如扩散），它们本身受气候变化的影响具有不确定性，它们也可能在影响物种的分布方面发挥重要作用。尽管需要谨慎行事，但在世界许多地区测试不同繁殖体来源途径的实证方法研究将有助于确定最佳生态恢复实践。在保持良好的记录并监控和共享结果的情况下，每个生态恢复项目都可以是一个生态恢复实验。这种方法可以改善未来的生态恢复实践效果。

恢复连通性并协助迁移

生态恢复的一个有益影响是在原生生态系统斑块之间建立积极的联系，使物种在面临气候变化时更自由地迁移和进化。一些研究人员提倡某些物种需要特殊的措施辅助迁移（"协助迁徙"）。事实上，这里讨论的许多来源策略可以被认为是在种群水平上的一种辅助迁移形式。然而，在何时何地可以保证这种迁移形式仍存在很多争论，同时，这种迁徙也会随之带来风险（如与密切相关物种杂交；该物种在新环境中变得具有入侵性）。在物种活动范围的边缘处增加物种，这在许多情况下可能看起来是合乎逻辑的，也可能是有问题的，由于生态原因，物种在其活动范围的边缘是罕见的，这可能是很难理解的。另外，边缘种群有时在基因上是不同的。从其他种群引入种质资源，可能会降低对气候变化应对能力，或通过杂交导致当地种群的灭绝。通常，物种活动范围边缘非常粗糙，存在许多异常值，许多分布图没有很好地说明这种情况（如使用当地政府部门使用/未使用的地图）。何时沿着那些边缘将物种向"更高纬度和更高坡度"方向拉动，或继续支持低纬度和低海拔边缘种群的问题是复杂的，这些问题值得深思熟虑。与气候变化相关的分布后缘最容易受到物种损失的影响。寿命、传播、繁殖系统等因素决定了物种适应或迁移的能力。在引进物种时，重要的是考虑适应当前环境以及适应符合不久将来的环境条件，以期在适应本地环境和适应不断变化条件的能力之间取得平衡。

| 附　录　2 |

空白项目评估模板（供从业人员使用）

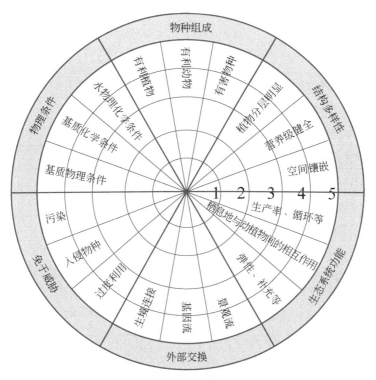

附图 2-1　生态恢复轮

恢复地区名称＿＿＿＿＿＿＿＿＿＿＿＿

评估人＿＿＿＿＿＿＿＿＿＿＿＿

日期＿＿＿＿＿＿＿＿＿＿＿＿

附表 2-1　生态系统恢复评估

特征种类	恢复级别（1～5）	恢复级别依据
特征 1. 免于威胁		
过度利用		
入侵物种		
污染		
特征 2. 物理条件		
基质物理条件		
基质化学条件		
水物理化学条件		
特征 3. 物种组成		
有利植物		
有利动物		
有害物种		
特征 4. 结构多样性		
植物分层明显		
营养级健全		
空间镶嵌		
特征 5. 生态系统功能		
生产率、循环等		
栖息地与动植物间的相互作用		
弹性、补充等		
特征 6. 外部交换		
景观流		
基因流		
生境连接		